Statistische und methodische Probleme bei der Kreditwürdigkeitsprüfung

Europäische Hochschulschriften
Publications Universitaires Européennes
European University Studies

Reihe V
Volks- und Betriebswirtschaft

Série V Series V
Sciences économiques, gestion d'entreprise
Economics and Management

Bd./Vol. 2260

PETER LANG
Frankfurt am Main · Berlin · Bern · New York · Paris · Wien

Michaela Strube

Statistische und methodische Probleme bei der Kreditwürdigkeitsprüfung

PETER LANG
Europäischer Verlag der Wissenschaften

Die Deutsche Bibliothek - CIP-Einheitsaufnahme

Strube, Michaela:

Statistische und methodische Probleme bei der Kreditwürdigkeitsprüfung / Michaela Strube. - Frankfurt am Main ; Berlin ; Bern ; New York ; Paris ; Wien : Lang, 1998
(Europäische Hochschulschriften : Reihe 5, Volks- und Betriebswirtschaft ; Bd. 2260)
ISBN 3-631-32910-5

ISSN 0531-7339
ISBN 3-631-32910-5

Vorwort

Statistische Methoden zur Kreditwürdigkeitsprüfung stellen zwar nur eine der Möglichkeiten zur Überprüfung der Bonität eines potentiellen Kreditnehmers dar, sie haben jedoch zunehmend an Bedeutung bei der Entscheidung über Vergabe oder Nichtvergabe von Krediten gewonnen. Statistische Verfahren ersetzen nicht unbedingt die gewohnten traditionellen Verfahren, sie helfen aber, den Sachverstand der Entscheidenden effizienter einzusetzen.

Die Anwendung der Diskriminanzanalyse auf den Problemkreis der Kreditwürdigkeitsprüfung ist nicht neu, doch hat die Entwicklung auf dem Gebiet der Datenverarbeitung die Verbreitung auch rechentechnisch aufwendiger Verfahren stark gefördert, zumal geeignete Programme fast überall zur Verfügung stehen. Die Automatisierung der Anwendung besitzt allerdings auch einen unliebsamen Nebeneffekt: Gute Kenntnis der Methodik wird künftig für nicht unbedingt erforderlich gehalten.

Frau Michaela Strube widmet sich in der vorliegenden Arbeit erfreulicherweise nicht nur der Beschreibung der Diskriminanzanalyse und ihrer Anwendung auf die Kreditwürdigkeitsprüfung, sondern auch Problemen, die aus den der Methode zugrundeliegenden Annahmen resultieren und dem Anwender vertraut sein sollten. Die Arbeit verzichtet zwar nicht auf eine formale Darstellung der Grundlagen, vermeidet aber z.B. Ableitungen und Beweisführungen, die eine größere Vertrautheit mit mathematisch-statistischen Methoden voraussetzen. Es ist zu hoffen, daß diese Vorgehensweise den Erfordernissen in der täglichen Arbeit des Kreditsachbearbeiters entgegenkommt.

Göttingen, im Sommer 1997

Prof. Dr. M. Kricke

Inhaltsverzeichnis

Abkürzungsverzeichnis

LDF	Lineare Diskriminanzfunktion
QDF	Quadratische Diskriminanzfunktion

Indizes

p	Anzahl der Variablen
n_g	Anzahl der Elemente in Gruppe g
i, $i = 1,\ldots,p$	Laufindex der Variablen
g, $g = 1, \ldots, b$	Laufindex der Gruppen
k, $k = 1,\ldots,n_g$	Laufindex der Elemente bzw. Beobachtungen
t	Zeitindex

Diskriminanzanalyse

$\mathbf{x}$	Merkmalsvektor eines Objektes
μ_g	Mittelwertvektor der Gruppe g
$\bar{\mathbf{x}}_g$	geschätzter Mittelwertvektor der Gruppe g
σ_i^2	Varianz der Variablen i
s_{yg}^2	geschätzte Varianz der y-Werte innerhalb der Gruppe g
Σ_g	Kovarianzmatrix der Gruppe g
Σ	gepoolte Kovarianzmatrix der Gruppen
$\mathbf{S}_g$	geschätzte Kovarianzmatrix der Gruppe g
$\mathbf{S}$	gepoolte empirische Kovarianzmatrix
p_g	a priori Wahrscheinlichkeit der Gruppe g
p_1	a priori Wahrscheinlichkeit der *schlechten* Kreditnehmer in der Grundgesamtheit
p_2	a priori Wahrscheinlichkeit der *guten* Kreditnehmer in der Grundgesamtheit
$p(g \mid \mathbf{x})$	a posteriori Wahrscheinlichkeit des Elementes mit dem Beobachtungsvektor x
$\mathbf{a}$	Koeffizientenvektor der Diskriminanzfunktion
$\mathbf{a}^*$	standardisierter Koeffizientenvektor der Diskriminanzfunktion

$\mathbf{a}^{**}$ .... Koeffizientenvektor nach Mosteller und Wallace

y_i .... Diskriminanzwert eines Elementes i

δ^2 .... Mahalanobis-Distanz zweier Normalverteilungen mit gleichen Kovarianzmatrizen

D^2 .... geschätzte Mahalanobis-Distanz

D_p^2 .... Mahalanobis-Distanz unter Einbezug von p Variablen

$T^2 = \frac{n_1 n_2}{n_1 + n_2} D^2$ .... Hotellings T^2

K_{gh} .... Kosten der Fehlklassifikation eines Elementes aus der Gruppe g, das irrtümlich der Guppe h zugeordnet wurde

ε .... Gesamtfehlklassifikationswahrscheinlichkeit

ε_{gh} .... Fehlklassifikationswahrscheinlichkeit, daß ein Element der Gruppe g irrtümlicherweise Gruppe h zugeordnet wird

$Q(\mathbf{a})$ .... Diskriminanzkriterium

Verteilungen

$f(\mathbf{x})$ .... unbedingte Verteilung von **x** in der Grundgesamtheit

$f_g(\mathbf{x})$ .... bedingte Verteilung von **x**, gegeben die Gruppenzugehörigkeit g

$f_{prg}(\mathbf{x})$ .... projizierte bedingte Verteilung von **x**, gegeben die Gruppenzugehörigkeit g

$N(\mu,\Sigma)$ .... mehrdimensionale Normalverteilung mit Erwartungswertvektor μ und Varianz-Kovarianzmatrix Σ

$\Phi(\cdot)$ .... Verteilungsfunktion der Standardnormalverteilung

$\Psi(\cdot)$ .... Verteilungsfunktion der Normalverteilung

$F(\nu, \gamma)$ .... F- Verteilung mit ν und γ Freiheitsgraden

χ^2 .... χ^2-Verteilung

Spezielle Matrizen

$\mathbf{W}_g$ .... Innergruppenstreuungsmatrix der Gruppe g

$\mathbf{W}$ .... Innergruppenstreuungsmatrix

W_{kk} .... Element der Innergruppenstreuungsmatrix
B .... Zwischengruppenstreuungsmatrix
T .... totale Streuungsmatrix
I .... Einheitsmatrix
D .... Diagonalmatrix

Allgemeine Symbole

E(x) .... Erwartungswert des Merkmals x
Var(x) .... Varianz des Merkmals x
ρ .... Korrelationskoeffizient
det(**H**) .... Determinante einer Matrix **H**
^ .... Zeichen für Schätzer
R_g .... Gebiet der Gruppe g im p-dimensionalen Merkmalsraum
α .... Signifikanzniveau
$r = n_g/n$ .... relative Stichprobengröße

Einleitung

In der Vergangenheit wurde die Kreditentscheidung vom Sachbearbeiter allein getroffen. Dieser versuchte während eines Gesprächs die nötigen Informationen über den Antragsteller zu erfragen, die er für die Kreditentscheidung benötigte. Dabei verließ er sich weitestgehend auf seine individuelle Sachkenntnis und Erfahrungen. Heute stehen dem prüfenden Personal meist mathematisch-statistische Verfahren zur Verfügung, die es bei der Kreditentscheidung unterstützen. Diese Verfahren beruhen zumeist auf der Diskriminanzanalyse. Die Diskriminanzanalyse ist ein Verfahren zur Trennung von Gruppen, das 1936 erstmals von R. A. Fisher vorgeschlagen wurde.[1] Ihr Ziel ist es, ein Element, dessen Gruppenzugehörigkeit unbekannt ist, aufgrund zu beobachtender Merkmale derjenigen Gruppe zuzuordnen, der es entstammt. Die beobachteten Merkmale liefern dabei gemeinsam eine Art Indiz für die Gruppenzugehörigkeit des Elementes. Die Diskriminanzanalyse ist das am weitesten verbreitete Instrument zur Kreditwürdigkeitsprüfung.[2] Die Idee der Anwendbarkeit des diskriminanzanalytischen Ansatzes auf die Kreditwürdigkeitsprüfung lieferte Durand 1941.[3] Gelegentlich werden auch schon neuere Verfahren wie z.B. neuronale Netze oder eine Diskriminanzanalyse mit Fuzzy-Sets eingesetzt. In dieser Arbeit sollen jedoch nur diskriminanzanalytische Verfahren betrachtet werden. Sie dienen dem Sachbearbeiter als Hilfestellung, da bei der ständig zunehmenden Anzahl von Krediten eine schnellere und dabei leistungsgleiche Abwicklung erforderlich ist. Besonders das Konsumentenkreditgeschäft wächst rapide. Wurden im Jahr 1992 noch für 892,38 Milliarden DM Kredite an Privatpersonen vergeben, so waren es im Jahr 1996 schon 1.279,3 Milliarden DM.[4] Das entspricht einer jährlichen Wachstumsrate von ca. 10%. Zur Einschätzung der Größenordnung sei hier die Staatsverschuldung der öffentlichen Haushalte der Bundesrepublik Deutschland angeführt, die derzeit 2.160,0 Milliarden DM beträgt.[5] In Anbetracht dieser hohen Anzahl an nachgefragten Krediten, scheint es nicht mehr möglich zu sein, alle Kreditentscheidungen mit hoch qualifiziertem und geschultem Personal zu treffen. Die diskriminanzanalytischen Verfahren können so einen erheblichen Beitrag

---

1 *Fisher, R. A.*, „The Use ...“, S. 179 ff..

2 *Rosenberg, E., Gleit, A.*, „Quantitative ...“, S. 590.

3 *Hettenhouse, G. W., Wentworth, J. R.*, „ Credit Analysis ...“, S. 26 ff..

4 *Statistisches Bundesamt*, S. 353.

5 *Deutsche Bundesbank*, Statistischer Teil, S. 56*, Stand März 1997, zum Vergleich: Stand Dezmber 1992: 1.345,2 Milliarden DM.

zur Aufwandsreduzierung leisten, wobei folgende Vorteile den Kredit-Scoring Modellen zugeschrieben werden:

- Mehr kreditwürdigen Antragstellern wird ein Kredit gewährt und mehr insolventen Antragstellern wird ein Kredit verweigert, womit die Gewinne durch reduzierte Verluste steigen.
- Entwicklung von Differenzierungsmöglichkeiten zwischen pflichtvergessenen Kunden, die noch alles oder einen Teil zahlen werden, und solchen, die zahlungsunfähig sind. Dies ermöglicht eine Optimierung der Inkassopolitik.
- Schnellere Abwicklung der Kreditvergabe und Senkung der Prüfungskosten bei Routinefällen.
- Entscheidungen sind objektiv und gewährleisten so eine einheitliche Kreditpolitik innerhalb der Bank.
- Veränderungen in der Geschäftspolitik können leichter implementiert und zentral gesteuert werden. Eine Einweisung aller Mitarbeiter mittels verbaler Verhaltensrichtlinien wäre viel aufwendiger und für Fehler anfälliger.
- Es wird weniger sehr gut geschultes Personal benötigt und die erfahreneren Kreditsachbearbeiter können sich folglich den schwierigen und großvolumigen Fällen widmen.
- Möglichkeit der Nutzung der Kredit-Scoring-Modelle als Ausbildungshilfe für noch unerfahrene Kreditsachbearbeiter.[6]

In mehreren Untersuchungen wurde festgestellt, daß mit der Diskriminanzanalyse im Konsumentenkreditgeschäft Erfolge zu erzielen sind. So berichtet Boggess von einer amerikanischen Unternehmung der Konsumgüterindustrie, die ihre Debitorenverluste bereits im ersten Jahr nach Einführung des neuen Verfahrens von 5 Millionen Dollar auf 3,5 Millionen Dollar senken konnte, was einer Verlustreduzierung von 30% entspricht.[7] Der Bank of America, San Francisco, gelang es ebenfalls im ersten Jahr nach

---

6 Vgl. *Myers, J. H., Forgy, E. W.*, „The Development ...“, S. 799; *Lane, S.*, „Submarginal ...“, S. 1379 ff.; ausführlich *Rosenberg, E., Gleit, A.*, „Quantitative ...“, S. 589 f., *Weibel, P. F.*, „Die Bonitätsbeurteilung ...“, S. 36 ff.; andere Ansicht *Harter, T. R.*, „Potentials ...“, S.27 f., der diese Vorteile vehement bestreitet und sie als „Mythos“ bezeichnet. In dem genannten Artikel sagte er dem Kredit-Scoring eine düstere Zukunft voraus, was sich aber nicht bewahrheitet hat, denn heute setzt jede größere Bank mathematisch-statistische Verfahren ein.

7 *Boggess, W. P.*, „Screen-Test ...“, S. 121.

Einführung eines diskriminanzanalytischen Verfahrens die Verlustquote im Konsumentenkreditgeschäft um 0,5% zu senken.[8]

In der Praxis sind mit der Diskriminanzanalyse sehr viele statistische und methodische Probleme verbunden, da die Voraussetzungen für die Anwendung des Verfahrens häufig nicht alle erfüllt sind. Diese Restriktionen sollten nicht unbeachtet bleiben, da sie die Aussagefähigkeit der Ergebnisse erheblich beeinträchtigen können. Kennt man die Auswirkungen der möglichen Verletzungen der zugrundeliegenden Annahmen, können die Ergebnisse besser interpretiert und effektiver genutzt werden. Thema dieser Arbeit ist daher die Darstellung der statistischen und methodischen Probleme der Diskriminanzanalyse in der Kreditwürdigkeitsprüfung, wobei mögliche Fehlerquellen aufgezeigt und Lösungsvorschläge ansatzweise vorgestellt werden.

Übersicht über die Kapitel

Zunächst werden in Kapitel eins die Grundlagen der Diskriminanzanalyse erläutert. Gegenstand ist die Ableitung der quadratischen und linearen Diskriminanzfunktion, wobei auch Gütekriterien zu deren Beurteilung eingeführt werden. Mit dem zweiten Abschnitt beginnt die Darstellung der statistischen und methodischen Probleme der Diskriminanzanalyse. Zuerst wird eine Gruppendefinition für die Klasse der *guten* und der *schlechten* Kreditnehmer vorgenommen. Im dritten Kapitel wird auf die kritische Annahme der Normalverteilung eingegangen. Die Auswirkungen der Verletzung dieser Annahme auf die Qualität der Klassifikation und die Trennung der Gruppen bilden den Schwerpunkt dieses Abschnitts. Eine weitere kritische Annahme ist die der gruppenweise identischen Kovarianzmatrizen, der das Kapitel vier gewidmet ist. Auch hier werden wieder die Probleme erörtert, die mit dieser Annahme verbunden sind. Im nächsten Kapitel wird versucht, die Bedeutung der einzelnen Variablen zu ermitteln. Im Zusammenhang mit der Bestimmung der Bedeutung der individuellen Variablen werden auch verschiedene Selektionsverfahren vorgestellt. Ziel dieser Verfahren ist es, die Variablenanzahl zu verringern, ohne dabei die Trennfähigkeit der Diskriminanzfunktion wesentlich zu beeinträchtigen. Kapitel sechs beschäftigt sich mit der Bestimmung des optimalen Cutoff-Wertes. Die Schwerpunkte liegen auf der Ermittlung der a priori Wahrscheinlichkeiten und der Kosten der Fehlklassifikation. Der Cutoff-Wert ist

[8] Bank-Betrieb, „Interessante ...“, S. 327 f..

für die im folgenden Abschnitt erläuterte Schätzung der Klassifikationsfehlerraten von großer Bedeutung, die die Beurteilung der Güte bzw. des Erfolges der Zuordnung ermöglichen. Es werden verteilungsfreie und verteilungsgebunde Methoden vorgestellt und bewertet. Anschließend wird die Effektivität des Diskriminanzmodells durch Vergleiche mit Zufallsmodellen begutachtet. In Kapitel acht wird ein eher allgemeines Problem der Kreditwürdigkeitsprüfung besprochen, das nicht nur in diskriminanzanalytischen Verfahren auftritt, nämlich das der Vorsektion. Die vorliegenden Datensätze, die zur Analyse eingesetzt werden, enthalten den schwerwiegenden Mangel, daß sie einer Vorselektion unterworfen wurden, da nur Daten von einst akzeptierten und nicht zufällig ausgewählten Kreditnehmern zur Verfügung stehen. Somit repräsentieren sie nicht die Population, auf die sie angewendet werden sollen. Die Thematik der Zeitreihenprobleme, die typischerweise mit der Kreditvergabe verbunden ist, wird schließlich im neunten Abschnitt behandelt. Zu guter Letzt werden die Wechselwirkungen und Abhängigkeiten der einzelnen im vorhergehenden erörterten kritischen Annahmen aufgezeigt und die Probleme in einen Gesamtzusammenhang gestellt.

1 Grundlagen

In diesem Kapitel sollen die Grundlagen der Diskriminanzanalyse erläutert werden. Da in dieser Arbeit schwerpunktmäßig der Bezug zur Kreditwürdigkeitsprüfung hergestellt werden soll, wird eine Beschränkung auf zwei Gruppen bzw. Klassen vorgenommen. Im Kreditgeschäft betrachtet man allgemein nur die beiden Gruppen der *guten* und *schlechten* Kreditnehmer. Ziel der Banken ist es nun, die *wahre* Gruppenzugehörigkeit der Antragsteller, die zum Zeitpunkt der Kreditvergabe unbekannt ist, möglichst sicher im vorhinein zu bestimmen. Folglich orientiert man sich an anderen beobachtbaren Merkmalen, die die persönliche, wirtschaftliche und rechtliche Situation des Antragstellers kennzeichnen. Anhand ausgewählter Merkmale aus den genannten Bereichen wird dann eine Entscheidung über die mutmaßliche Gruppenzugehörigkeit gefällt.

Wagner, Reichert und Cho untersuchten die Einführung einer dritten Gruppe, der abgelehnten Kreditnehmer, erzielten aber keine wesentlichen Verbesserungen der Aussagefähigkeit der Ergebnisse.[9]

1.1 Voraussetzungen

Es wird im folgenden angenommen, daß die Grundgesamtheit aus zwei disjunkten Teilgesamtheiten bzw. Gruppen besteht, wobei jedes Element genau einer Gruppe angehört. Jedes Element ist durch seine Gruppenzugehörigkeit g, g=1,2, und einen Merkmalsvektor $\mathbf{x}$, der aus p Variablen besteht, charakterisiert. Weiterhin soll angenommen werden, daß jede Klasse durch eine Wahrscheinlichkeitsfunktion beschrieben wird, deren multivariate Dichte- bzw. Wahrscheinlichkeitsfunktion mit $f_g(\mathbf{x})$, g=1,2, dargestellt wird.

Alle Vektoren $\mathbf{x}$ definieren einen p-dimensionalen Raum, in dem jedes Element einen Punkt darstellt. Dieser Raum soll nun in zwei disjunkte Gebiete R_g, g=1,2, die die Gruppen repräsentieren, aufgeteilt werden. Ein Element wird folglich der Klasse g zugeordnet, in deren Gebiet R_g der beobachtete Merkmalsvektor $\mathbf{x}$ des Elementes liegt. Es wird in der Regel nicht möglich sein, die Gebiete so zu definieren bzw. zu trennen,

---

9 *Wagner, G. M., Reichert, A. K., Cho, C. C.*, „Conceptual Issues ...“, S. 22 ff..

daß in jedem Gebiet nur Elemente einer einzigen Gruppe enthalten sind. Folglich ist mit Fehlzuordnungen zu rechnen, die jedoch so gering wie möglich gehalten werden sollen.

Die Wahrscheinlichkeit, daß ein zufällig ausgewähltes Element aus der Grundgesamtheit der g-ten Gruppe angehört, soll mit p_g bezeichnet werden. Bei dieser Wahrscheinlichkeit spricht man auch von einer a priori Wahrscheinlichkeit. Im Anwendungsfall soll gelten, daß p_1 die a priori Wahrscheinlichkeit der *guten* und p_2 die a priori Wahrscheinlichkeit der *schlechten* Kreditnehmer darstellt. Folglich besteht die Gruppe 1 aus den einträglichen Kreditnehmern und Gruppe 2 aus den uneinträglichen.

Die Parameter der Verteilungen und die a priori Wahrscheinlichkeiten werden zunächst als bekannt vorausgesetzt. Später werden sie durch ihre Stichprobenschätzer substituiert.

Die Wahrscheinlichkeit, daß ein Element mit beobachtetem Merkmalsvektor $\mathbf{x}$ der Gruppe g, g=1,2, angehört, ist durch die a posteriori Wahrscheinlichkeit $p(g|\mathbf{x})$ gegeben. Es gilt:

$$p(g|\mathbf{x}) = \frac{p_g f_g(\mathbf{x})}{f(\mathbf{x})}, \tag{1.1}$$

wobei $f(\mathbf{x}) = \sum_{g=1}^{2} p_g f_g(\mathbf{x})$ die unbedingte Dichte- bzw. Wahrscheinlichkeitsfunktion von $\mathbf{x}$ in der Grundgesamtheit und $f_g(\mathbf{x}) = f(\mathbf{x}|g)$ die bedingte Verteilung von $\mathbf{x}$ bei gegebener Gruppenzugehörigkeit g, g=1,2, ist. Letztere stellt die Dichtefunktion der Gruppe g dar.

1.2 Entscheidungsregeln

Ziel der Diskriminanzanalyse ist es, Elemente aus dieser Grundgesamtheit, deren Gruppenzugehörigkeit unbekannt ist, einer der beiden Gruppen anhand des beobachteten Merkmalsvektors $\mathbf{x}$ zuzuordnen. Bei dieser Zuordnungs- bzw. Klassifikationsprozedur sollen natürlich möglichst wenig Fehler unterlaufen. Die Wahrscheinlichkeit, daß ein Element aus der g-ten Gruppe stammt und fälschlicherweise der h-ten Gruppe zugeordnet wurde wird mit ε_{gh} bezeichnet.

Es können nun verschiedene Ziele verfolgt werden. Meistens ist dies die Minimierung der Gesamtfehlklassifikationswahrscheinlichkeit ε, $\varepsilon = \sum_{g=1}^{2} \sum_{\substack{h=1 \\ g \neq h}}^{2} p_g \varepsilon_{gh}$, die mit der Bayes-Regel, die im folgenden erläutert wird, realisiert wird. Im Zwei-Gruppen-Fall folgt daraus die Minimierung von $p_1\varepsilon_{12} + p_2\varepsilon_{21}$. Andere Ansätze halten z.B. eine Minimierung der maximalen individuellen Fehlzuordnungswahrscheinlichkeit (Minimax-Regel) oder eine Minimierung der Fehlklassifikationskosten (Kostenoptimale Regeln) für angebracht. Im folgenden sollen drei Klassifikationsprozeduren bzw. Entscheidungsregeln vorgestellt werden, die die Gesamtfehlklassifikationswahrscheinlichkeit oder die Gesamtfehlklassifikationskosten minimieren. Die Minimax-Regel soll hier nicht betrachtet werden, wird jedoch von Lachenbruch erläutert.[10]

1.2.1 Bayes-Entscheidungsregel

Unter allen Entscheidungsregeln besitzt die von Bayes für alle **x** die kleinste Gesamtfehlklassifikationswahrscheinlichkeit.[11] Dementsprechend kann diese Entscheidungsregel auch aus der Minimierung der Gesamtfehlklassifikationswahrscheinlichkeit abgeleitet werden.[12]

Eine Zuordnung erfolgt nach der Bayes-Entscheidungsregel, wenn ein Objekt der Gruppe g, g=1,2, zugeordnet wird, für die bei gegebenem Merkmalsvektor **x** die Wahrscheinlichkeit dieser Gruppe anzugehören, maximal ist. Folglich wird die a posteriori Wahrscheinlichkeit des Elementes maximiert. Es gilt dementsprechend:

$$p(g \mid \mathbf{x}) \geq p(h \mid \mathbf{x}) \quad \text{für } g,h = 1,2$$

$$\Leftrightarrow \; p_g\, f_g(\mathbf{x}) \geq p_h\, f_h(\mathbf{x}) \quad \text{für } g,h = 1,2$$

---

10 *Lachenbruch, P. A.*, „Discriminant Analysis“, 1975, S. 15 f..

11 *Fahrmeir, L., Hamerle, A.*, „Multivariate ...“, S. 305 f..

12 Siehe Anhang I, S. 87.

Diese Äquivalenz folgt aus (1.1). Nach einer weiteren Umformung erhält man folgende Gleichung:

$$\frac{f_g(\mathbf{x})}{f_h(\mathbf{x})} \geq \frac{p_h}{p_g} \qquad \text{für g,h =1,2.} \qquad (1.2)$$

Das Element mit beobachtetem Merkmalsvektor **x** wird dementsprechend der Gruppe 1 zugeordnet, falls

$$\frac{f_1(\mathbf{x})}{f_2(\mathbf{x})} \geq \frac{p_2}{p_1} \qquad (1.3)$$

gilt, ansonsten der Gruppe 2. Folglich stellt $\frac{p_2}{p_1}$ den Cutoff-Wert bzw. Trennwert der beiden Gruppen dar.[13]

ML-Entscheidungsregel

Die ML-Regel ordnet ein Objekt mit beobachtetem Merkmalsvektor **x** derjenigen Gruppe zu, die die größte Likelihood (= $f_g(\mathbf{x})$, Mutmaßlichkeit, „Wahrscheinlichkeit") besitzt. Das Objekt wird dementsprechend der Klasse g, g=1,2, zugeordnet, für die $f_g(\mathbf{x})$ maximal ist. Es gilt:

$$f_g(\mathbf{x}) \geq f_h(\mathbf{x}) \qquad \text{für g,h = 1,2}$$

bzw.

$$\frac{f_g(\mathbf{x})}{f_h(\mathbf{x})} \geq 1 \qquad \text{für g,h = 1,2.} \qquad (1.4)$$

Das Element mit beobachtetem Merkmalsvektor **x** wird folglich der Gruppe 1 zugeordnet, falls

$$\frac{f_1(\mathbf{x})}{f_2(\mathbf{x})} \geq 1 \qquad (1.5)$$

gilt, ansonsten der Gruppe 2.

---

13 Man könnte hier auch den Kehrwert des Cutoff-Wertes $\frac{p_1}{p_2}$ betrachten. Da aber nur zwei Gruppen betrachtet werden, führt dies zu gleichen Ergebnissen.

Die ML-Regel ist ein Spezialfall der Bayes-Entscheidungsregel für gleiche a priori Wahrscheinlichkeiten $p_1 = p_2 = \frac{1}{2}$.

1.2.2 Kostenoptimale Regeln

Die Minimierung der Fehlklassifikationswahrscheinlichkeit bedeutet, daß Fehlklassifikationen gleich stark bewertet werden, gleichgültig welcher Klasse das Element entstammt und welcher Klasse es zugeordnet worden ist.[14] Möchte man aber berücksichtigen, daß manche Irrtümer schwerwiegender sind als andere, kann man dies über die Einführung von Kostenfunktionen tun. Die Kostenfunktion K_{gh} beschreibt die anfallenden Kosten, wenn ein Element der Gruppe g irrtümlicherweise der Gruppe h zugeordnet wurde. Der Fehler, einen Kredit an einen irrtümlich als *gut* klassifizierten Kunden zu vergeben ist schwerwiegender und kostenintensiver als einem fälschlicherweise *schlecht* eingestuften Kunden einen Kredit zu verweigern. Im ersten Fall bestehen die Kosten K_{21} aus dem eventuellen totalen oder teilweisen Ausfall des Kredites sowie zusätzlichen Bearbeitungskosten für Mahnungen, Zwangsversteigerungen, etc.. Im zweiten Fall bestehen nur Opportunitätskosten K_{12} , die in den entgangenen Zinseinnahmen zu sehen sind. Eine kostenoptimale Regel kann folgendermaßen formuliert werden:

$$\frac{f_g(\mathbf{x})}{f_h(\mathbf{x})} \geq \frac{K_{hg} p_h}{K_{gh} p_g} \qquad \text{für } g,h = 1,2 \tag{1.6}$$

bzw.

$$\frac{f_1(\mathbf{x})}{f_2(\mathbf{x})} \geq \frac{K_{21} p_2}{K_{12} p_1} \tag{1.7}$$

Ein Element wird folglich der Gruppe 1 zugeordnet, falls $\frac{f_1(\mathbf{x})}{f_2(\mathbf{x})} \geq \frac{K_{21} p_2}{K_{12} p_1}$ gilt, ansonsten der Gruppe 2.

Werden die Kosten K_{gh} als umgekehrt proportional zur jeweiligen a priori Wahrscheinlichkeit p_g angesehen, d.h. $K_{gh} = \begin{cases} 0 & \text{für } g=h \\ K/p_g & \text{für } g\neq h \end{cases}$, so ergibt sich wieder die ML-Regel [(1.4) bzw. (1.5)]. Werden die Kosten der Fehlklassifikation alle gleich bewertet, d.h. $K_{gh} = \begin{cases} 0 & \text{für } g=h \\ K & \text{für } g\neq h \end{cases}$, bleibt es bei der allgemeinen Bayes-Regel [(1.2) bzw. (1.3)].

14 *Fahrmeir, L., Hamerle, A.*, „Multivariate ...“, S. 306.

Die Bestimmung spezifischer Kostenfunktionen ist meist sehr schwierig, weshalb man sich der Einfachheit halber auf die beiden genannten Funktionen beschränkt.[15] Für die Kreditwürdigkeitsprüfung empfiehlt sich vor allem die ML-Regel, da mit Hilfe der umgekehrt proportionalen Kostenfunktion der Irrtum der Fehlklassifikation einer Minderheit als schwerwiegender bewertet werden kann.[16] Die Minderheit stellt hier die Zahl der insolventen Kreditnehmer dar.

1.3 Klassifikationsregeln bei multivariater Normalverteilung

Im allgemeinen wird unterstellt, daß man es mit klassenweise multivariat normalverteilten Variablen zu tun hat. Für diesen Fall gilt für die Dichtefunktion $f_g(\mathbf{x})$ der g-ten Gruppe:

$$f_g(\mathbf{x}) = \frac{1}{(2\pi)^{\frac{p}{2}} \det(\Sigma_g)^{\frac{1}{2}}} \exp\left\{-\tfrac{1}{2}(\mathbf{x}-\mu_g)'\Sigma_g^{-1}(\mathbf{x}-\mu_g)\right\} \qquad \text{für } g = 1,2, \qquad (1.8)$$

wobei μ_g den klassenspezifischen Erwartungswert und Σ_g die klassenspezifische Kovarianzmatrix der Gruppe g, g =1,2, darstellt.

1.3.1 Quadratische Diskriminanzfunktion

Durch Einsetzten von (1.8) in die Bayes-Regel (1.3) erhält man im Zwei-Gruppen-Fall die angegebene Klassifikationsregel (1.9). Ein Element mit beobachtetem Merkmalsvektor **x** wird der Gruppe 1 zugeordnet, falls:

$$\begin{aligned} \frac{f_1(\mathbf{x})}{f_2(\mathbf{x})} &= \frac{(2\pi)^{-\frac{p}{2}} \det(\Sigma_1)^{-\frac{1}{2}} \exp\left\{-\tfrac{1}{2}(\mathbf{x}-\mu_1)'\Sigma_1^{-1}(\mathbf{x}-\mu_1)\right\}}{(2\pi)^{-\frac{p}{2}} \det(\Sigma_2)^{-\frac{1}{2}} \exp\left\{-\tfrac{1}{2}(\mathbf{x}-\mu_2)'\Sigma_2^{-1}(\mathbf{x}-\mu_2)\right\}} \geq \frac{p_2}{p_1} \\ &= \frac{\det(\Sigma_2)^{\frac{1}{2}}}{\det(\Sigma_1)^{\frac{1}{2}}} \exp\left\{-\tfrac{1}{2}\left[(\mathbf{x}-\mu_1)'\Sigma_1^{-1}(\mathbf{x}-\mu_1) - (\mathbf{x}-\mu_2)'\Sigma_2^{-1}(\mathbf{x}-\mu_2)\right]\right\} \geq \frac{p_2}{p_1} \qquad (1.9) \end{aligned}$$

gilt.

[15] *Fahrmeir, L., Hamerle, A.*, „Multivariate ...“, S. 307.
[16] *Häußler, W. M.*, „Empirische ...“, S. B 193.

Nach Logarithmierung[17] und Umordnung von (1.9) kann man auch schreiben:

$$(\mathbf{x}-\mu_2)'\Sigma_2^{-1}(\mathbf{x}-\mu_2)-(\mathbf{x}-\mu_1)'\Sigma_1^{-1}(\mathbf{x}-\mu_1)\geq 2\ln\frac{p_2\det(\Sigma_1)^{\frac{1}{2}}}{p_1\det(\Sigma_2)^{\frac{1}{2}}} \tag{1.10}$$

bzw.

$$\tfrac{1}{2}\mathbf{x}'\Sigma_2^{-1}(\mathbf{x}-2\mu_2)-\tfrac{1}{2}\mathbf{x}'\Sigma_1^{-1}(\mathbf{x}-2\mu_1)-\tfrac{1}{2}\mu_1'\Sigma_1^{-1}\mu_1+\tfrac{1}{2}\mu_2'\Sigma_2^{-1}\mu_2-\tfrac{1}{2}\ln\frac{\det(\Sigma_1)}{\det(\Sigma_2)}\geq\ln\frac{p_2}{p_1} \tag{1.11}$$

Der Term (1.10) bzw. (1.11) ist bei bekannten a priori Wahrscheinlichkeiten und Parametern (μ_1, μ_2, Σ_1, Σ_2) berechenbar.

Aus dem Term (1.11) kann man nun die quadratische Diskriminanzfunktion QDF(**x**),

$$\mathrm{QDF}(\mathbf{x})=\tfrac{1}{2}\mathbf{x}'\Sigma_2^{-1}\mathbf{x}-\tfrac{1}{2}\mathbf{x}'\Sigma_1^{-1}\mathbf{x}-\mathbf{x}'\Sigma_2^{-1}\mu_2+\mathbf{x}'\Sigma_1^{-1}\mu_1-\tfrac{1}{2}\mu_1'\Sigma_1^{-1}\mu_1+\tfrac{1}{2}\mu_2'\Sigma_2^{-1}\mu_2-\tfrac{1}{2}\ln\frac{\det(\Sigma_1)}{\det(\Sigma_2)} \tag{1.12}$$

ableiten. Die letzten drei Summanden des Terms (1.12) sind für alle **x** konstant. Nach Einsetzen des beobachteten Merkmalsvektors **x** in die Funktion (1.12) kann über die Zuordnung des Elements mit Hilfe des Cutoff-Wertes $C=\ln(p_2/p_1)$ (aus (1.11)) entschieden werden. Ist QDF(**x**) größer oder gleich dem Cutoff-Wert C ($\ln(p_2/p_1)$), dann wird das Element der Gruppe 1 zugeordnet, ansonsten der Gruppe 2.[18]

Wie aus (1.12) zu ersehen ist, ist die quadratische Diskriminanzfunktion in der Lage, unterschiedliche Kovarianzen innerhalb der Gruppen zu berücksichtigen.

---

17 Die Logarithmierung läßt das Klassifikationsergebnis unverändert, da die log-Funktion eine streng monoton wachsende Funktion ist. (siehe *Fahrmeir, L., Hamerle, A.*, „Multivariate ...", S. 308).

18 Die quadratische Diskriminanzfunktion aus (1.11) kann sich aus der Bayes-Regel (1.3) auch für andere Verteilungen als die Normalverteilung ergeben. *P. W. Cooper*, zeigt dies in seinem Aufsatz „Statistical ...", S. 439 ff., für multivariate Verallgemeinerungen zweier Pearsonscher Verteilungen vom Typ II und Typ VII.

1.3.2 Lineare Diskriminanzfunktion

Sind die Kovarianzmatrizen der beiden Gruppen gleich, d.h. $\boldsymbol{\Sigma}_1 = \boldsymbol{\Sigma}_2$, so vereinfacht sich die Gleichung der quadratischen Diskriminanzfunktion (1.12) zu einer linearen Diskriminanzfunktion LDF($\mathbf{x}$), da das quadratische Glied $\mathbf{x}'\boldsymbol{\Sigma}^{-1}\mathbf{x}$ wegfällt.

$$\mathrm{LDF}(\mathbf{x}) = \left[\mathbf{x} - \tfrac{1}{2}(\mu_1 + \mu_2)\right]' \Sigma^{-1}(\mu_1 - \mu_2), \qquad (1.13)$$

Die Zuordnungsregel lautet nun: Ordne das Element mit beobachtetem Merkmalsvektor $\mathbf{x}$ der ersten Gruppe zu, falls

$$\mathrm{LDF}(\mathbf{x}) = \left[\mathbf{x} - \tfrac{1}{2}(\mu_1 + \mu_2)\right]' \Sigma^{-1}(\mu_1 - \mu_2) \geq C\,, \qquad (1.14)$$

wobei $C = \ln \frac{p_2}{p_1}$ den Cutoff-Wert darstellt.

Eine weitere Vereinfachung ergibt sich, wenn die a priori Wahrscheinlichkeiten gleich sind, d.h. $p_1 = p_2 = \frac{1}{2}$. Man erhält nun die folgende Zuordnungsregel: Ordne das Element mit beobachtetem Merkmalsvektor $\mathbf{x}$ der ersten Gruppe zu, falls:

$$\mathrm{LDF}(\mathbf{x}) = \left[\mathbf{x} - \tfrac{1}{2}(\mu_1 + \mu_2)\right]' \Sigma^{-1}(\mu_1 - \mu_2) \geq 0. \qquad (1.15)$$

Graphisch läßt sich diese Klassifikation folgendermaßen darstellen:

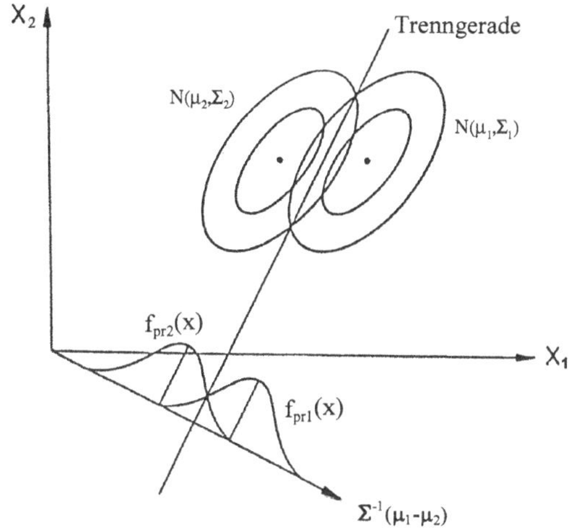

Abb. 1: Optimale Klassifkationsregel im Falle zweidimensionaler Normalverteilungen mit gleicher Kovarianzmatrix.

Die Projektion des Merkmalsvektors **x**, anhand derer klassifiziert wird, folgt der eingezeichneten Normalverteilung $f_{pr1}(\mathbf{x})$ für Gruppe 1 und $f_{pr2}(\mathbf{x})$ für Gruppe 2. Die Trenngerade steht senkrecht auf dem Projektionsvektor $\Sigma^{-1}(\mu_1 - \mu_2)$. Die Zeichnung unterstellt gleiche a priori Wahrscheinlichkeiten, d.h. $p_1 = p_2 = ½$.

1.3.3 Unbekannte Parameter

In den meisten Anwendungsfällen werden weder die Parameter μ_g, Σ_g der Verteilung noch die a priori Wahrscheinlichkeiten p_1 und p_2 bekannt sein. Dementsprechend müssen sie aus der Stichprobe geschätzt werden. Die Mittelwertvektoren μ_1 und μ_2 schätzt man durch die unverzerrten Stichprobenmittelwertvektoren $\bar{\mathbf{x}}_1$ und $\bar{\mathbf{x}}_2$. Für die Kovarianzmatrizen Σ_1 und Σ_2 erhält man unverzerrte Schätzungen $\mathbf{S_1}$ und $\mathbf{S_2}$ aus:

$$\mathbf{S}_1 = \frac{1}{n_1 - 1}\mathbf{W}_1 \quad \text{und} \quad \mathbf{S}_2 = \frac{1}{n_2 - 1}\mathbf{W}_2 \,,$$

$$\mathbf{W}_g = \sum_{k=1}^{n_g} (\mathbf{x}_{gk} - \overline{\mathbf{x}}_g)(\mathbf{x}_{gk} - \overline{\mathbf{x}}_g)', \qquad \text{für } g = 1,2;\; k = 1,\ldots,n_g,$$

wobei n_1 und n_2 die Stichprobenumfänge und $\mathbf{W_1}$ und $\mathbf{W_2}$ die Innergruppenstreuungsmatrizen der beiden Gruppen darstellen.

Da die a priori Wahrscheinlichkeiten p_1 und p_2 in der Regel ebenfalls nicht bekannt sein werden, müssen diese auch aus der Stichprobe geschätzt werden. Die Schätzer $\hat{p}_1$ und $\hat{p}_2$ lassen sich jedoch nur aus einer Stichprobe der vereinigten Gesamtheit gewinnen, ansonsten ist ihre Schätzung nicht möglich. In allen oben genannten Gleichungen können die Parameter nur durch ihre Schätzer ersetzt werden, d.h. μ_g wird durch $\overline{\mathbf{x}}_g$, Σ_g wird durch $\mathbf{S}_g$ und p_g wird durch $\hat{p}_g$ ersetzt. Für die geschätzte quadratische Diskriminanzfunktion $\hat{Q}\text{DF}(\mathbf{x})$ gilt dann:

$$\hat{Q}\text{DF}(\mathbf{x}) = \tfrac{1}{2}\mathbf{x}'\mathbf{S}_2^{-1}(\mathbf{x} - 2\overline{\mathbf{x}}_2) - \tfrac{1}{2}\mathbf{x}'\mathbf{S}_1^{-1}(\mathbf{x} - 2\overline{\mathbf{x}}_1) - \tfrac{1}{2}\overline{\mathbf{x}}_1'\mathbf{S}_1^{-1}\overline{\mathbf{x}}_1 + \tfrac{1}{2}\overline{\mathbf{x}}_2'\mathbf{S}_2^{-1}\overline{\mathbf{x}}_2 - \tfrac{1}{2}\ln\frac{\det(\mathbf{S}_1)}{\det(\mathbf{S}_2)} \geq \ln\frac{\hat{p}_2}{\hat{p}_1} \tag{1.16}$$

Dementsprechend ergibt sich die geschätzte lineare Diskriminanzfunktion $\hat{L}\text{DF}(\mathbf{x})$:

$$\hat{L}\text{DF}(\mathbf{x}) = \left[\mathbf{x} - \tfrac{1}{2}(\overline{\mathbf{x}}_1 + \overline{\mathbf{x}}_2)\right]' \mathbf{S}^{-1}(\overline{\mathbf{x}}_1 - \overline{\mathbf{x}}_2) \geq \ln\frac{\hat{p}_2}{\hat{p}_1}, \tag{1.17}$$

wobei sich die gepoolte empirische Kovarianzmatrix $\mathbf{S}$, die $\mathbf{\Sigma}$ schätzt, folgendermaßen berechnen läßt:

$$\mathbf{S} = \frac{1}{n_1 + n_2 - 2}\sum_{g=1}^{2}(n_g - 1)\mathbf{S}_g .$$

1.3.4 Der Ansatz von Fisher

Die Idee Fisher´s bestand darin, das p-dimensionale Problem der Gruppenzughörigkeit auf ein eindimensionales zu reduzieren. Zur Realisierung nutzte er eine Linearkombination der einzelnen Elemente des Merkmalsvektors $\mathbf{x}$. Der Vektor $\mathbf{a}$ stellt den Koeffizientenvektor dar, der die einzelnen Komponenten des Vektors **x** gewichtet. Die Funktion sah dann wie folgt aus:

$$y = \mathbf{a}'\mathbf{x}.$$

Die Werte von **a** sollten so bestimmt werden, daß sich die y-Werte oder Diskriminanzwerte der verschiedenen Gruppen möglichst stark unterscheiden. Dazu wählte er folgendes Diskriminanzkriterium Q(**a**) aus der F-Statistik:

$$Q(\mathbf{a}) = \frac{(\bar{y}_1 - \bar{y}_2)^2}{\frac{(n_1 - 1)s_{y1}^2 + (n_2 - 1)s_{y2}^2}{n_1 + n_2 - 2}} \quad \text{bzw.} \quad Q(\mathbf{a}) = \frac{(\mathbf{a}'(\bar{\mathbf{x}}_1 - \bar{\mathbf{x}}_2))^2}{\mathbf{a}'\mathbf{S}\mathbf{a}},$$

wobei s_{yg}^2 die geschätzte Varianz der y-Werte innerhalb der Gruppe g, g =1,2, ist.

Die Güte der Zerlegungswiedergabe wird durch den Abstand der y-Mittel relativ zur Gesamtsumme der quadrierten Abweichungen gemessen.[19] Daher sollte **a** so gewählt werden, daß das Diskriminanzkriterium Q(**a**) maximal wird, um die Zwischengruppenstreuung im Verhältnis zur Innergruppenstreuung zu maximieren. Nach Logarithmieren von Q(**a**), einmaligem Ableiten von Q(**a**) nach **a** und Nullsetzen der entstandenen Gleichungen, kam Fisher zu folgendem Ergebnis:

$$\mathbf{a} = \mathbf{S}^{-1}(\bar{\mathbf{x}}_1 - \bar{\mathbf{x}}_2).$$

Die Diskriminanzfunktion hat also folgende Gestalt:

$$y = \mathbf{x}'\mathbf{S}^{-1}(\bar{\mathbf{x}}_1 - \bar{\mathbf{x}}_2).$$

Fisher ordnete ein Element mit Beobachtungsvektor **x** der Gruppe 1 zu, wenn sein y-Wert näher an $\bar{y}_1 = \bar{\mathbf{x}}_1'\mathbf{S}^{-1}(\bar{\mathbf{x}}_1 - \bar{\mathbf{x}}_2)$ lag als an $\bar{y}_2 = \bar{\mathbf{x}}_2'\mathbf{S}^{-1}(\bar{\mathbf{x}}_1 - \bar{\mathbf{x}}_2)$. Diese Regel läßt sich auch folgendermaßen formulieren:

$$|y - \bar{y}_1| \le |y - \bar{y}_2| \tag{1.18}$$

bzw.

$$y \ge \tfrac{1}{2}(\bar{y}_1 + \bar{y}_2). \tag{1.19}$$

19 *Fahrmeir, L., Hamerle, A.*, „Multivariate ...", S. 322.

Diese Zuordnungsvorschrift entspricht der Regel, die aus der quadratischen Diskriminanzfunktion bei Gleichheit der Kovarianzmatrizen und a priori Wahrscheinlichkeiten hergeleitet wurde, da:

$$
\begin{aligned}
& y \geq \tfrac{1}{2}(\bar{y}_1 + \bar{y}_2) \\
\Leftrightarrow\ & \mathbf{a}'(\mathbf{x} - \tfrac{1}{2}(\bar{\mathbf{x}}_1 + \bar{\mathbf{x}}_2)) \geq 0 \\
\Leftrightarrow\ & \mathbf{x}'\mathbf{S}^{-1}(\bar{\mathbf{x}}_1 - \bar{\mathbf{x}}_2) - \tfrac{1}{2}(\bar{\mathbf{x}}_1 - \bar{\mathbf{x}}_2)'\mathbf{S}^{-1}(\bar{\mathbf{x}}_1 + \bar{\mathbf{x}}_2) \geq 0 \\
\Leftrightarrow\ & \left[\mathbf{x} - \tfrac{1}{2}(\bar{\mathbf{x}}_1 + \bar{\mathbf{x}}_2)\right]' \mathbf{S}^{-1}(\bar{\mathbf{x}}_1 - \bar{\mathbf{x}}_2)) \geq 0.
\end{aligned}
$$

Zur Herleitung der linearen Diskriminanzfunktion wurden allerdings klassenweise multivariate Normalverteilungen sowie identische Kovarianzmatrizen vorausgesetzt. Fishers Funktion legt jedoch keine Annahmen über die Verteilung der beiden Gesamtheiten zugrunde. Sie basiert lediglich auf der Zielvorstellung einer möglichst guten Trennung der Gruppen. Fisher verwandte folglich nur ein heuristisches aber vernünftiges Kriterium (Maximierung der Zwischengruppenstreuung im Verhältnis zur Innergruppenstreuung).[20] Unter den oben genannten Voraussetzungen ($\mathbf{S}_1 = \mathbf{S}_2, \hat{p}_1 = \hat{p}_2 = \tfrac{1}{2}$) ergaben sich allerdings die gleichen Diskriminanzfunktionen. Die Regel von Fisher trennt und klassifiziert nur bei Vorliegen von Normalverteilungen, identischen Kovarianzmatrizen und gleichen a priori Wahrscheinlichkeiten optimal, was aber nicht heißt, daß sie für andere Verteilungen automatisch schlechte Ergebnisse liefert. Vielmehr wird sich herausstellen, daß die Fisher'sche LDF sehr robust gegenüber Verletzungen der genannten Annahmen ist, und immer noch gute bis befriedigende Ergebnisse liefert. Dies erklärt die besondere Rolle, die dieser Ansatz in der praktischen Anwendung findet.

1.4 Gütekriterien für Diskriminanzfunktionen und Klassifikationsregeln

Mit der Berechnung von Diskriminanzfunktionen und Klassifikationsregeln sollte eine Untersuchung der diskriminatorischen Eigenschaften verbunden sein. Dies kann entweder über Signifikanztests oder über die Bestimmung von Fehlklassifikationswahrscheinlichkeiten geschehen.

---

20 *Fahrmeir, L., Hamerle, A.*, „Multivariate ...“, S. 323.

1.4.1 Fehlklassifikationswahrscheinlichkeiten

Die Fehlklassifikationswahrscheinlichkeit ε_{12} gibt an, welcher Teil der Gruppe 1 irrtümlicherweise der Gruppe 2 zugeordnet wird. Sie stellt daher eine individuelle Fehlerrate dar. Aus der Abbildung 1 kann die folgende Abbildung 2, die nur die projizierten Verteilungen $f_{pr1}(\mathbf{x})$ und $f_{pr2}(\mathbf{x})$ darstellt, entnommen werden.[21] C[22] stellt den Cutoff-Wert dar. Alle Objekte, die einen kleineren Diskriminanzwert bzw. LDF($\mathbf{x}$)-Wert als den Cutoff-Wert haben, werden der Gruppe 1 zugeordnet, die anderen der Gruppe 2. Da sich die Verteilungen überlappen, ist eine fehlerfreie Zuordnung nicht möglich. Die schraffierten Bereiche stellen jeweils die Fehlklassifikationswahrscheinlichkeiten ε_{12} und ε_{21} dar.

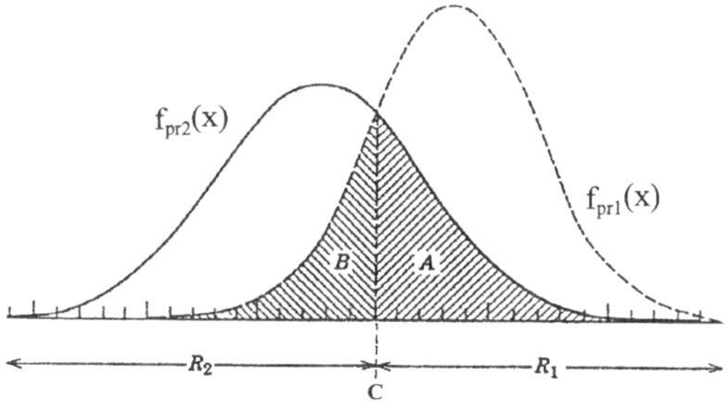

Abb. 2: Bestimmung der individuellen Klassifikationsfehlerraten ε_{12} und ε_{21}.

Die Fehlklassifikationswahrscheinlichkeit ε_{12} eines Elementes der ersten Gruppe, das irrtümlicherweise der zweiten Gruppe zugeordnet wurde, entspricht dem schraffierten Bereich B. Dieser stellt die Fläche, die unter der Verteilung $f_{pr1}(\mathbf{x})$ links vom Cutoff-Wert C im Gebiet R_2 der zweiten Gruppe liegt, dar. Die Berechnung von ε_{12} erfolgt

21 In Abb. 1 wurde eine bivariate Normalverteilung unterstellt. Abb. 2 setzt dies aber nicht voraus, vielmehr sind multivariate Normalverteilungen oder ganz andere Dichtefunktionen als Verteilung der Gruppen möglich. Für Abb. 2 muß lediglich die Verteilung der linearen Kombination bzw. Projektion bekannt sein, die hier durch $f_{pr1}(\mathbf{x})$ bzw. $f_{pr2}(\mathbf{x})$ dargestellt ist.

22 $C = \ln (p_1 / p_2)$.

über das Integral der Dichte- oder Wahrscheinlichkeitsfunktion $f_{pr1}(\mathbf{x})$ über das Gebiet R_2. Für ε_{21} gilt analoges.

$$\varepsilon_{12} = \int_{R_2} f_{pr1}(\mathbf{x})dx \qquad \varepsilon_{21} = \int_{R_1} f_{pr2}(\mathbf{x})dx \tag{1.20}$$

Die Gesamtfehlzuordnungswahrscheinlichkeit ε berechnet sich aus der Summe der mit den a priori Wahrscheinlichkeiten gewichteten Fehlklassifikationswahrscheinlichkeiten ε_{12} und ε_{21}, $\varepsilon = p_1\varepsilon_{12} + p_2\varepsilon_{21}$.

Sind die Verteilungen f_{pr1} und f_{pr2} bekannt, so lassen sich auch die Fehklassifikationswahrscheinlichkeiten über die Integrale aus (1.20) berechnen. Hat man von den Verteilungen der Klassen keine Vorstellung, so können andere Methoden wie z.B. die Resubstitutions-, Hold-out- oder U-Methode zur Schätzung herangezogen werden. Auf diese Thematik wird in Kapitel 7 noch näher eingegangen.

Liegen gruppenweise Normalverteilungen $N(\mu,\Sigma)$ vor und sind die Kovarianzmatrizen, $\Sigma_1=\Sigma_2$, identisch, dann lassen sich die Fehlklassifikationswahrscheinlichkeiten wie folgt berechnen:

$$\varepsilon_{12} = \Phi\left(\frac{C - \frac{1}{2}\delta^2}{\delta}\right) \qquad \varepsilon_{21} = \Phi\left(-\frac{C + \frac{1}{2}\delta^2}{\delta}\right). \tag{1.21}$$

wobei $\delta^2 = (\mu_1 - \mu_2)' \Sigma(\mu_1 - \mu_2)$die Mahalanobis-Distanz und $\Phi\left((C - \delta^2/2)/\delta\right)$ der Wert der Verteilungsfunktion der Standardnormalverteilung an der Stelle $\left((C - \delta^2/2)/\delta\right)$ ist.[23]

Bei Anwendung der Bayes-Regel gilt für den Cutoff-Wert: $C = \ln(p_2/p_1)$.

Werden identische a priori Wahrscheinlichkeiten angenommen oder wird eine umgekehrt proportionale Kostenfunktion betrachtet, so gilt die ML-Regel (C=0). Die Fehlklassifikationswahrscheinlichkeiten lassen sich dann wie folgt darstellen:

---

23 *Fahrmeir, L., Hamerle, A.*, „Multivariate ...“, S. 326 ff..

$$\varepsilon_{12} = \varepsilon_{21} = \Phi\left(-\frac{\delta}{2}\right). \tag{1.22}$$

Im folgenden wird die Ermittlung dieser Fehlerraten dargestellt. Die eben genannten Voraussetzungen lassen nur lineare Diskriminanzfunktionen zu. Es gilt dementsprechend (siehe (1.13)):

$$\mathrm{LDF}(\mathbf{x}) = \left[\mathbf{x} - \tfrac{1}{2}(\mu_1 + \mu_2)\right]' \Sigma^{-1}(\mu_1 - \mu_2).$$

Die Funktion LDF($\mathbf{x}$) ist eine lineare Transformation von $\mathbf{x}$. Kennt man die Verteilung von LDF($\mathbf{x}$), ist die Berechnung der Klassifikationsfehlerraten möglich. Da $\mathbf{x}$ multivariat normalverteilt ist und LDF($\mathbf{x}$) eine lineare Transformation von $\mathbf{x}$ ist, ist auch LDF($\mathbf{x}$) normalverteilt.[24] Der Erwartungswert und die Varianz von LDF($\mathbf{x}$) werden im folgenden bestimmt:[25]

$$\begin{aligned}
\mathrm{E}\big(\mathrm{LDF}(\mathbf{x})|g=1\big) &= \left[\mu_1 - \tfrac{1}{2}(\mu_1 + \mu_2)\right]' \Sigma^{-1}(\mu_1 - \mu_2) \\
&= \tfrac{1}{2}(\mu_1 - \mu_2)' \Sigma^{-1}(\mu_1 - \mu_2) = \tfrac{1}{2}\delta^2 \\
\mathrm{E}\big(\mathrm{LDF}(\mathbf{x})|g=2\big) &= -\tfrac{1}{2}\delta^2
\end{aligned}$$

$$\begin{aligned}
\mathrm{Var}\big(\mathrm{LDF}(\mathbf{x})|g=1\big) &= \mathrm{E}\Big[\big(\mathrm{LDF}(\mathbf{x})|g=1\big) - \mathrm{E}\big(\big(\mathrm{LDF}(\mathbf{x})|g=1\big)\big)\Big]^2 \\
&= \mathrm{E}\Big[\big(\mathbf{x} - \tfrac{1}{2}(\mu_1 + \mu_2)\big)' \Sigma^{-1}(\mu_1 - \mu_2) - \tfrac{1}{2}(\mu_1 - \mu_2)' \Sigma^{-1}(\mu_1 - \mu_2)\Big]^2 \\
&= \mathrm{E}\Big[\big(\mathbf{x} - \tfrac{1}{2}(\mu_1 + \mu_2) - \tfrac{1}{2}(\mu_1 - \mu_2)\big)' \Sigma^{-1}(\mu_1 - \mu_2)\Big]^2 \\
&= \mathrm{E}\Big[(\mathbf{x} - \mu_1)' \Sigma^{-1}(\mu_1 - \mu_2)\Big]^2
\end{aligned}$$

---

24 *Lachenbruch, P. A.*, „Discriminant Analysis“, S. 11.

25 Sind die Kovarianzmatrizen nicht identisch, gelten quadratische Klassifikationsregeln. QDF($\mathbf{x}$) ist dann keine lineare Transformation von $\mathbf{x}$ mehr, folglich ist die Verteilung von QDA($\mathbf{x}$) nicht mehr so einfach berechenbar. In diesem Fall wendet man häufig die in Unterabschnitt 7.1 beschriebenen Verfahren an.

$$\begin{aligned}
\operatorname{Var}(\operatorname{LDF}(\mathbf{x})|g) &= E\left[(\mathbf{x}-\mu_g)'\,\Sigma^{-1}(\mu_1-\mu_2)\right]^2 \\
&= E\left[(\mu_1-\mu_2)'\,\Sigma^{-1}(\mathbf{x}-\mu_g)(\mathbf{x}-\mu_g)'\,\Sigma^{-1}(\mu_1-\mu_2)\right] \\
&= (\mu_1-\mu_2)'\,\Sigma^{-1}(\mu_1-\mu_2) \\
&= \delta^2 \quad \text{für } g = 1,2.
\end{aligned}$$
[26]

Die individuelle Fehlklassifikationswahrscheinlichkeit ε_{12} gibt die Wahrscheinlichkeit an, daß ein Element der Gruppe 1 irrtümlicherweise der Gruppe 2 zugeordnet wird. Wie aus (1.14) zu ersehen ist, wird ein Element mit dem Beobachtungsvektor **x** der ersten Gruppe zugeodnet, falls LDF(**x**) $\geq$ C, wobei für den Cutoff-Wert C bei Anwendung der Bayes-Regel $C = \ln(p_2/p_1)$ und bei Anwendung der ML-Regel C = 0 (1.15) gilt. Ist LDF(**x**) < C ergibt sich die Zuordnung zur Gruppe 2. Weist ein Element mit dem Beobachtungsvektor **x** einen LDF(**x**)-Wert < C auf, obwohl es in Wirklichkeit zur ersten Gruppe gehört, wird es mittels der Klassifikationregel aus (1.14) falsch zugeordnet. Es gilt folglich analog zu (1.20):

$$\varepsilon_{12} = P[\operatorname{LDF}(\mathbf{x}) < C \mid g = 1].$$

In der Abbildung 2 wird diese Wahrscheinlichkeit ε_{12} durch den schraffierten Bereich B gekennzeichnet. Durch Standardisierung der Verteilung von LDF(**x**), läßt sich die Fehlklassifikationwahrscheinlichkeit ε_{12} mit Hilfe der tabellierten Verteilungsfunktion der Standardnormalverteilung bestimmen. Für ε_{21} gilt entsprechendes.

$$\begin{aligned}
\varepsilon_{12} &= P\left[\operatorname{LDF}(\mathbf{x}) < C | g = 1\right] \\
&= P\left[\frac{\operatorname{LDF}(\mathbf{x}) - \frac{1}{2}\delta^2}{\delta} < \frac{C - \frac{1}{2}\delta^2}{\delta} \Big| g = 1\right] = \Phi\left(\frac{C - \frac{1}{2}\delta^2}{\delta}\right) \quad \text{bzw.}
\end{aligned}$$

$$\varepsilon_{21} = P\left[\operatorname{LDF}(\mathbf{x}) \geq C | g = 2\right] = \Phi\left(-\frac{C + \frac{1}{2}\delta^2}{\delta}\right).$$
[27]

---

[26] *Fahrmeir, L., Hamerle, A.*, „Multivariate ...“, S. 326 f..

[27] *Fahrmeir, L., Hamerle, A.*, „Multivariate ...“, S. 327.

Im folgenden soll C = 0 sein. Für die Fehlklassifikationswahrscheinlichkeiten ε_{12} und ε_{21} gilt dann :

$$\varepsilon_{12} = \varepsilon_{21} = \Phi\left(-\frac{\delta}{2}\right)$$

Sind die Parameter μ_g und Σ_g unbekannt, so lassen sich die Fehlklassifikationswahrscheinlichkeiten nicht berechnen. Aus diesem Grund bestimmt man die tatsächliche Fehlerrate, die man durch den Übergang zur geschätzten Diskriminanzfunktion (1.17) erhält.

$$\hat{\text{L}}\text{DF}(\mathbf{x}) = \left[\mathbf{x} - \tfrac{1}{2}(\bar{\mathbf{x}}_1 + \bar{\mathbf{x}}_2)\right]' \text{S}^{-1}(\bar{\mathbf{x}}_1 - \bar{\mathbf{x}}_2)$$

Für die geschätzten Fehlklassifikationswahrscheinlichkeiten $\tilde{\varepsilon}_{12}$ und $\tilde{\varepsilon}_{21}$ gilt dementsprechend:

$$\tilde{\varepsilon}_{12} = \Phi\left(-\frac{\hat{\text{L}}\text{DF}(\mu_1)}{\left[\text{var}\left(\hat{\text{L}}\text{DF}(\mathbf{x})\right)\right]^{\frac{1}{2}}}\right)$$

$$\tilde{\varepsilon}_{21} = \Phi\left(\frac{\hat{\text{L}}\text{DF}(\mu_2)}{\left[\text{var}\left(\hat{\text{L}}\text{DF}(\mathbf{x})\right)\right]^{\frac{1}{2}}}\right),$$

wobei

$$\text{E}\left(\hat{\text{L}}\text{DF}(\mathbf{x})|\text{g}=1\right) = \left[\mu_1 - \tfrac{1}{2}(\bar{\mathbf{x}}_1 + \bar{\mathbf{x}}_2)\right]' \mathbf{S}^{-1}(\bar{\mathbf{x}}_1 - \bar{\mathbf{x}}_2) = \hat{\text{L}}\text{DF}(\mu_1)$$

$$\text{E}\left(\hat{\text{L}}\text{DF}(\mathbf{x})|\text{g}=2\right) = \left[\mu_2 - \tfrac{1}{2}(\bar{\mathbf{x}}_1 + \bar{\mathbf{x}}_2)\right]' \mathbf{S}^{-1}(\bar{\mathbf{x}}_1 - \bar{\mathbf{x}}_2) = \hat{\text{L}}\text{DF}(\mu_2)$$

$$\text{var}\left(\hat{\text{L}}\text{DF}(\mathbf{x})|\text{g}\right) = (\bar{\mathbf{x}}_1 - \bar{\mathbf{x}}_2)' \mathbf{S}^{-1}\Sigma\mathbf{S}^{-1}(\bar{\mathbf{x}}_1 - \bar{\mathbf{x}}_2) \qquad \text{für g} = 1{,}2.$$[28]

Die *plug-in-Schätzwerte* $\hat{\varepsilon}_{12}$ und $\hat{\varepsilon}_{21}$ erhält man, wenn man in $\tilde{\varepsilon}_{12}$ und $\tilde{\varepsilon}_{21}$ für μ_1, μ_2 und Σ die Schätzwerte $\bar{\mathbf{x}}_1$, $\bar{\mathbf{x}}_2$ und **S** einsetzt:

$$\hat{\varepsilon}_{12} = \hat{\varepsilon}_{21} = \Phi\left(-\tfrac{\text{D}}{2}\right), \tag{1.23}$$

28 *Fahrmeir, L., Hamerle, A.*, „Multivariate ...“, S. 327.

weil
$$E\left(\hat{L}DF(\mathbf{x})|g=1\right)=\tfrac{1}{2}(\bar{\mathbf{x}}_1-\bar{\mathbf{x}}_2)'\mathbf{S}^{-1}(\bar{\mathbf{x}}_1-\bar{\mathbf{x}}_2)$$
$$=\frac{D^2}{2}$$
$$E\left(\hat{L}DF(\mathbf{x})|g=2\right)=-\tfrac{1}{2}(\bar{\mathbf{x}}_1-\bar{\mathbf{x}}_2)'\mathbf{S}^{-1}(\bar{\mathbf{x}}_1-\bar{\mathbf{x}}_2)$$
$$=-\frac{D^2}{2}$$

$$\hat{v}ar\left(\hat{L}DF(\mathbf{x})|g\right)=(\bar{\mathbf{x}}_1-\bar{\mathbf{x}}_2)'\mathbf{S}^{-1}(\bar{\mathbf{x}}_1-\bar{\mathbf{x}}_2) \qquad \text{für } g=1,2$$
$$=D^2,$$

wobei D^2 die geschätzte Mahalanobis-Distanz $(\bar{\mathbf{x}}_1-\bar{\mathbf{x}}_2)'\mathbf{S}^{-1}(\bar{\mathbf{x}}_1-\bar{\mathbf{x}}_2)$ ist.[29] [30]

1.4.2 Signifikanztest auf Gleichheit der Gruppenmittelwerte

Mit diesem Test soll überprüft werden, ob die Unterschiede der Gruppenmittelwerte signifikant sind, d.h. ob die Gruppen sich hinreichend gut unterscheiden. Es wird die Hypothese H_0: $\mu_1 = \mu_2$ gegen H_1: $\mu_1 \neq \mu_2$ getestet. Wird die H_0-Hypothese abgelehnt, so ist die Trennung der Gruppen erfolgreich auf dem Signifikanzniveau α. Im Zwei-Gruppen-Fall lautet die F-verteilte Prüfgröße, die p und $(n_1 + n_2 - p - 1)$ Freiheitsgrade besitzt:[31]

$$\frac{n_1 n_2 (n_1+n_2-p-1)}{p(n_1+n_2-2)(n_1+n_2)} D^2 = \frac{n_1+n_2-p-1}{p} \frac{1-\Lambda}{\Lambda}^{32} \sim F(p, n_1+n_2-p-1). \qquad (1.24)$$

29 *Fahrmeir, L., Hamerle, A.*, „Multivariate ...“, S. 327 f..

30 Der geschätzte Erwartungswert von $\hat{L}DF(\mathbf{x})$ und die geschätzte Varianz von $\hat{L}DF(\mathbf{x})$ sind nur bei gegebenen $\bar{\mathbf{x}}_1$, $\bar{\mathbf{x}}_2$ und **S** bedingt normalverteilt. Die Ermittlung der unbedingten Verteilung von $\hat{L}DF(\mathbf{x})$ gestaltet sich sehr schwierig und soll hier nicht betrachtet werden. Eine Schätzung der Klassifikationsfehlerraten gemäß (1.23) ist folglich mit Problemen behaftet. In Kapitel 7 wird bei der Darstellung der *O-Methode* noch einmal kurz auf diese Problematik eingegangen.

31 Siehe *Fahrmeir, L., Hamerle, A.*, „Multivariate ...“, S. 325 f..

32 Auch bei mehr als zwei Gruppen verwendbar.

wobei $D^2 = (\bar{\mathbf{x}}_1 - \bar{\mathbf{x}}_2)' \mathbf{S}^{-1}(\bar{\mathbf{x}}_1 - \bar{\mathbf{x}}_2)$ der Schätzer der Mahalanobis-Distanz δ^2 ist und $\Lambda = \det(\mathbf{W})/\det(\mathbf{T})$,

wobei $\mathbf{W} = \sum_{g=1}^{2}\sum_{k=1}^{n_g}(\mathbf{x}_{gk} - \bar{\mathbf{x}}_g)(\mathbf{x}_{gk} - \bar{\mathbf{x}}_g)'$ und $\mathbf{T} = \sum_{g=1}^{2}\sum_{k=1}^{n_g}(\mathbf{x}_{gk} - \bar{\mathbf{x}})(\mathbf{x}_{gk} - \bar{\mathbf{x}})'$ ist.

Liegt der ermittelte Wert über dem dazugehörigen F-Wert, so ist die Trennung der Gruppen als signifikant zu betrachten. Die Analyse war also erfolgreich.

2 Gruppendefinition

Eine Voraussetzung für die Anwendung der Diskriminanzanalyse ist, daß die zu trennenden Gruppen diskret und eindeutig identifizierbar sind.[33] Mit anderen Worten: Die einzelnen Elemente müssen alle eindeutig einer der beiden vorher definierten Gruppen zugeordnet werden können.

Im ersten Kapitel wurde bereits festgestellt, daß die Kreditnehmer in *gute* und *schlechte* Kunden aufgeteilt werden. Für eine Identifizierung der beiden Gruppen können im wesentlichen zwei Kriterien angeführt werden.

Erstens könnte man die Kreditnehmer nach den geleisteten Zins- und Tilgungszahlungen unterteilen. Werden die fälligen Zahlungen vollständig erbracht, handelt es sich eindeutig um einem *guten* Kunden. Ein Kreditnehmer, der kurz nach Aufnahme des Darlehens schon nicht mehr zahlungsfähig ist, ist dagegen klar der Gruppe der *schlechten* Kreditnehmer zuzuordnen. Werden jedoch nur Teilbeträge geleistet, ist die Zuordnung nicht mehr so einfach. Geht der Kreditnehmer beispielsweise erst vor der letzten Tilgungszahlung bankrott, könnte man ihn auch noch in die Gruppe der *guten* Kreditnehmer einstufen, da er der Bank über die ganze Laufzeit gesehen, sicherlich einen Gewinn eingebracht hat. Als Abgrenzungskriterium könnte man hier folglich den Gewinnbeitrag des Kreditnehmers wählen. Die Kunden werden dementsprechend solange in die Gruppe der *guten* Kreditnehmern eingestuft, wie sie einen positiven Gewinnbeitrag für die Bank leisten.

Ein anderes Kriterium könnte das Zahlungsverhalten des Kunden sein. Hier wird auf die Anzahl der nötigen Mahnungen abgestellt. Für Weibel ist ein *schlechter* Kreditnehmer beispielsweise jemand, bei dem zwei oder mehr Mahnungen im Monat oder mehr als sechs Mahnungen im Jahr vonnöten waren.[34] Mahnungen bedeuten für die Bank erhöhten Verwaltungsaufwand, der den Gewinn mindert.

Viele Kreditinstitute werden andere Grenzen für die genannten Kriterien anlegen und somit eine willkürliche Einteilung vornehmen, da eine eindeutige Regel aufgrund flie-

---

33 *Eisenbeis, R. A.*, „Problems ...", S. 214.

34 *Weibel, P. F.*, „Die Bonitätsbeurteilung ...", S. 27.

ßender Übergänge nicht existiert.[35] Ein Kreditinstitut kann beispielsweise eine Grenze von maximal vier Mahnungen pro Monat und einen positiven Gewinnbeitrag von mindestens 100 DM für die Zuordnung zu den *guten* Kunden festlegen. Dementsprechend können sehr viele verschiedene Gruppendefinitionen vorgenommen werden. Eisenbeis kritisiert eine derartige Vorgehensweise, da durch willkürliche Einteilungen Informationen über die Beziehungen zwischen abhängigen und unabhängigen Variablen verlorengehen können. Nach Eisenbeis′ Meinung sollten Unterteilungen nur aufgrund natürlicher Brüche oder Unstetigkeiten vorgenommen werden.[36]

Auch Hettenhouse und Wentworth kritisieren die gängige Einteilung in *gute* und *schlechte* Kunden. Sie schlagen daher ein Modell vor, das die Höhe des Cutoff-Wertes zur Bewertung der Kreditqualität benutzt und die abhängige dichotome Variable durch eine stetige ersetzt.[37] Mit diesem Ansatz ließe sich eine derart scharfe Trennung zwischen *guten* und *schlechten* Kunden, wie bisher üblich, vermeiden. Eine Vielzahl von Schattierungen der extremen Ausprägungen *gut* oder *schlecht* stände so zur Verfügung.

---

35 Bei diskriminanzanalytischen Modellen mit Fuzzy-Sets kann eine derartige Unschärfe berücksichtigt werden. Das traditionelle Modell ist aber ein scharfes und fordert daher eine exakte Trennung.

36 *Eisenbeis, R. A.*, „Pitfalls ...“, S. 887 f..

37 *Hettenhouse, G. W., Wentworth, J. R.*, „A New ...“, S. 32.

3 Verletzung der Normalverteilungsannahme

Die Bonität des Kreditnehmers soll anhand von Merkmalen, die seine persönliche, wirtschaftliche und rechtliche Situation charakterisieren, beurteilt werden. Solche Merkmale sind beispielsweise Alter, Familienstand, Beruf, Darlehenshöhe usw. In der Regel werden ca. 10-25 Merkmale zur Bonitätsbeurteilung herangezogen. Um mit diskriminanzanalytischen Verfahren zu optimalen Ergebnissen zu gelangen, müssen diese Merkmale jedoch gruppenweise multivariat normalverteilt sein. Voraussetzung für eine multivariate Normalverteilung sind univariate Randverteilungen der einzelnen Merkmale.[38] Die Existenz univariater Normalverteilungen läßt sich recht einfach u.a. mittels eines χ^2-Anpassungstests, eines Kolmogrov-Smirnov-Tests oder eines Wahrscheinlichkeitspapiers feststellen. Ist diese notwendige aber noch nicht hinreichende Bedingung erfüllt, sollte ein Test auf multivariate Normalverteilung durchgeführt werden. Diese schwierig zu handhabenden Tests wurden von Malkovich und Afifi vorgeschlagen.[39] Für die in der Kreditwürdigkeitsprüfung des Konsumentenkreditgeschäfts verwendeten Merkmale ist häufig schon die notwendige Bedingung der univariaten Normalverteilungen nicht erfüllt, da die meisten Variablen diskret sind.[40] Dies trifft für Merkmale wie z.B. Beruf, bisherige Zahlungsmoral oder Familienstand zu. Ferner werden Merkmale wie Alter oder Darlehenshöhe, die an sich stetig sind, häufig diskretisiert. Folglich liegen zur Analyse meistens nur diskrete Variablen vor, die aufgrund fehlender Stetigkeit beträchtlich von einer Normalverteilung abweichen.[41] Darüber hinaus läßt sich auch approximativ für die meisten Variablen keine Normalverteilung erkennen.[42] Keysberg stellte in seiner Untersuchung nur bei der Variable *Alter* in der Gruppe der *guten* Kreditnehmer eine approximative Normalverteilung fest, ansonsten wurde die Hypothese der Normalverteilung abgelehnt.[43] Auch Clarke und McDonald erklären, daß die Voraussetzung der Normalverteilung im Konsumentenkreditgeschäft nicht gegeben sind.[44]

---

38 *Lüneborg, K.*: „Konstruktion ...“, S. 189, *Häußler, W. M.*, „Empirische ...“, S. B 201.

39 *Malkovich, J. F., Afifi, A.A.*, „On Tests .....“, S. 176 ff..

40 Im Firmenkundengeschäft treten diskrete Variablen weniger häufig auf, da in der Regel Bilanzkennzahlen analysiert werden.

41 *Chatterjee, S., Barcun, S.*, „A Nonparametric ...“, S. 150.

42 Durch Umkodierung in Dummy-Variablen könnte eine Normalverteilung approximiert werden, da nach dem Zentralen Grenzwertsatz eine Binomialverteilung durch eine Normalverteilung approximiert werden kann.

43 *Keysberg, G.*, „Die Anwendung ...“, S. 53 ff..

44 *Clarke, D. G., McDonald, J. B.*, „Generalized ...“, S. 48.

Wendet man die Diskriminanzanalyse zur Bonitätsbeurteilung an, ist aufgrund der Verletzung der grundlegenden Normalverteilungsannahme mit Ergebnisverzerrungen zu rechnen. Davon sind sowohl die Signifikanztests als auch die Klassifikationsfehlerraten betroffen, sofern sie mittels eines die Normalverteilung voraussetzenden Verfahrens ermittelt wurden.

3.1 Auswirkungen auf Signifikanztests

Sind die Variablen nicht normalverteilt, so ist auch die aus den Verteilungen der Variablen zusammengesetzte F-Verteilung der Prüfgröße nicht mehr F-verteilt, da diese auf normalverteilten Merkmalen aufbaut. Das hat Auswirkungen auf die in der Diskriminanzanalyse angewendeten Signifikanztests, z.B. auf den Test auf Gleichheit der Mittelwerte oder auf Raos Trennfähigkeits-Test. Die Aussagen, die mit diesen Tests getroffen werden, sind folglich nur eingeschränkt zuverlässig.

Mardia untersuchte die Robustheit von Hotellings T^2[45] für zwei nicht normalverteilte Variablen.[46] Die Ergebnisse zeigen sogar für kleine Stichproben eine recht starke Robustheit von Hotellings T^2. Mardia stellte außerdem fest, daß T^2 empfindlicher auf schiefe als auf gewölbte Verteilungen reagierte. Auch die relative Stichprobengröße hat einen Einfluß auf die Robustheit von T^2. Sind die Stichproben annähernd gleich groß, sinkt die Empfindlichkeit gegenüber der Schiefe, haben sie aber ungleiche Größen, steigt die Empfindlichkeit.[47]

3.2 Auswirkungen auf Klassifikationsfehlerraten

Zur Beschränkung bzw. Untersuchung der Auswirkungen der Verletzung der Normalverteilungsannahme auf die Klassifikationsergebnisse gibt es in der Literatur zwei verschiedene Ansätze. Einer wendet sich von der Diskriminanzanalyse ab und sucht nach anderen geeigneteren Modellen. Der zweite Ansatz befaßt sich dagegen mit der Unter-

---

45 $F = (n_1 + n_2 - p - 1)/(n_1 + n_2 - 2)T^2$, T^2 unterscheidet sich nur durch eine Konstante von F. Dementsprechend sind die Untersuchungen für T^2 analog für F anwendbar.

46 *Mardia, K. V.*, „Measures ...“, S. 519.

47 *Mardia, K. V.*, „Measures ...“, S. 529.

suchung der Robustheit der Diskriminanzanalyse bei Verletzung der Normalverteilungsannahme. Hier werden vor allem binäre und andere diskrete Variablen betrachtet.

3.2.1 Alternative Verfahren

Vertreter des alternativen Ansatzes sind McFadden[48] sowie Clarke und McDonald. Die beiden letztgenannten Autoren präsentieren jedoch ein wesentlich allgemeineres Verfahren, in dem die Modelle von McFadden als Spezialfälle enthalten sind. Dieses sehr allgemeine Modell der EGB2[49] Familie ist in der Lage, mit Verteilungen, die nicht normalverteilt, unsymmetrisch und gewölbt sind, zu arbeiten.[50] Clarke und McDonald geben aber zu bedenken, daß sich der Mehraufwand nicht in jedem Fall lohnt, besonders dann nicht, wenn die a priori Wahrscheinlichkeit der *schlechten* Kreditnehmer unter 1% liegt.[51] In dem als real angesehenen Fall wäre es allgemein günstiger, jedem Bittsteller ohne Prüfung seiner Bonität einen Kredit zu gewähren.[52] Für das Vorliegen rein diskreter Variablen entwickelten Hills und Linhart spezielle verteilungsfreie Verfahren wie z.B. die Nächste-Nachbar-Methode.[53] Eine Variante dieser Methode wandten Chatterjee und Barcun in ihrer Bonitätsstudie an.[54] Goldstein und Dillon beschäftigten sich ebenfalls mit diskreten Variablen. Sie schlugen eine Reihe von Modellen für eine diskrete Diskriminanzanalyse vor, auf die hier aber nicht näher eingegangen werden soll.[55]

3.2.2 Robustheit der Diskriminanzanalyse

Der zweite Ansatz beschäftigt sich schließlich mit den Auswirkungen, die nicht normalverteilte Merkmale auf die Klassifikationsergebnisse der Diskriminanzanalyse haben können. Die Robustheit der diskriminanzanalytischen Verfahren gegenüber Verletzungen der Normalverteilungsannahme durch diskrete, gemischte diskrete und

48 *McFadden, D.*, „Quantal ...“, S. 363 ff..
49 Exponentiated Generalized Beta Distibution of Second Type.
50 Problematisch könnte hier die Identifizierung der Verteilung sein.
51 *Clarke, D.G., McDonald, J.B.*, „Generalized ...“, S.48, 60 f..
52 *Clarke, D.G., McDonald, J.B.*, „Generalized ...“, S. 60 f..
53 *Hills, M.* „Discrimination ...“, S.1-20, *Linhart, H.*, „Techniques ...“, S. 138 ff..
54 *Chatterjee, S., Barcun, S.*, „A Nonparametric ...“, S. 151.
55 *Goldstein, M., Dillon, W. R.*, „Discrete ...“, S. 11 ff..

stetige sowie stetige nicht normalverteilte Variablen soll im folgenden untersucht werden.

3.2.2.1 Diskrete Variablen

E. Gilbert führte eine Studie für binomialverteilte unkorrelierte Variablen durch.[56] Sie verglich fünf verschiedene Modelle, das volle multinomiale Modell (1), ein Minimum-Logit-Modell (2), ein Maximum-Likelihood-Modell (3), ein Unabhängigkeit unterstellendes Modell (4) und die lineare Diskriminanzanalyse (5), miteinander.[57] Als Beurteilungskriterien für die Verfahren wählte sie die Fehlklassifikationswahrscheinlichkeit und den durchschnittlichen Korrelationskoeffizienten zwischen optimaler und betrachteter Regel.[58] Tabelle 1 zeigt die durchschnittlichen Korrelationskoeffizienten zwischen optimaler Regel und den genannten Verfahren (1) - (5) für eine Population mit 100 Beobachtungen bei sechs betrachteten Variablen.[59]

n = 100	ρ
volles multinomiales Modell	0,8290
Fishers LDF	0,9808
Minimum-Logit χ^2	0,9751
Maximum-Likelihood	0,9762
Unabhängige Variablen	0,9903

Tabelle 1: Durchschnittlicher Korrelationskoeffizient ρ zwischen optimaler Regel und den Verfahren (1)-(5) in der Stichprobe[60]

E. Gilbert folgerte, daß die LDF und das optimale Verfahren sehr hoch miteinander korreliert sind, sofern die Parameter der Verteilung keine extremen Werte annehmen.[61] Wie aus Tabelle 1 zu ersehen ist, lieferten jedoch alle anderen Verfahren mit Ausnahme des vollen multinomialen Modells (1) ähnlich gute Ergebnisse. Die Untersuchung der Fehlklassifikationswahrscheinlichkeiten bestätigte das Ergebnis, denn auch bei den Fehlklassifikationswahrscheinlichkeiten traten keine allzu großen Ab-

56 *Gilbert, E. S.*, „On discriminating ...“, S. 1399, 1401 f..
57 *Gilbert, E. S.*, „On discriminating ...“, S. 1400.
58 *Gilbert, E. S.*, „On discriminating ...“, S. 1402.
59 *E. Gilbert* untersuchte insgesamt 15 Populationen mit einem Stichprobenumfang von 100 und nochmal 15 Populationen mit einem Stichprobenumfang von 500 für jeweils sechs Variablen. Hier wurde nur eine Population herausgegriffen.
60 Auszug aus *Gilbert, E. S.*, „On Discriminating ...“, S. 1407.
61 *Gilbert, E. S.*, „On discriminating....“, S. 1404.

weichungen der Verfahren (2) - (5) vom Optimum auf. Tabelle 2 zeigt die Fehlklassifikationswahrscheinlichkeiten der fünf verschiedenen Klassifikationsprozeduren bei einem Stichprobenumfang von 100 Beobachtungen und sechs Variablen im Vergleich zum Optimum.

n = 100	
Optimum	(0,2542)
volles multinomiales Modell	0,3405
Fishers LDF	0,2763
Minimum-Logit χ^2	0,2825
Maximum-Likelihood	0,2770
Unabhängige Variablen	0,2749

Tabelle 2: Fehlklassifikationswahrscheinlichkeiten der Verfahren (1) - (5)[62]

Moore führte eine ähnliche Studie wie E. Gilbert durch, wobei er allerdings anstelle der beiden logit-Modelle die quadratische Diskriminanzfunktion und ein Modell mit Abhängigkeiten zweiter Ordnung untersuchte.[63] Auch er zog als Gütekriterien sowohl die Fehlklassifikationswahrscheinlichkeit als auch den Korrelationskoeffizienten heran. Er betrachtete allerdings drei verschiedene Populationen von binären Variablen. Die erste Population enthielt nur unabhängige Variablen, in der zweiten befand sich nur ein einziges korreliertes Variablenpaar und in der dritten Population waren alle Variablen positiv korreliert.[64] Auf diese drei Populationen wandte Moore nun die genannten Methoden an. Wie zu erwarten war, lieferten die $\hat{L}$DF und das Unabhängigkeit unterstellende Modell für Population eins die besten Ergebnisse. Diese Resultate stimmten mit denen von E. Gilbert, die sich im Gegensatz zu Moore nur auf unabhängige Variablen beschränkte, überein. Die genannten Modelle lieferten auch bei Anwendung auf Population zwei die besseren Ergebnisse. Waren alle sechs Variablen jedoch positiv korreliert, dann ergaben sich die besten Ergebnisse für das Modell mit Abhängigkeiten zweiter Ordnung.[65] Dieses Verhalten erklärt der Autor mit *Umkehrungen* in der Log-Likelihood-Ratio. Die $\hat{L}$DF und das Unabhängigkeit unterstellende Modell sind nicht in der Lage, die *wahre* Funktion der Log-Likelihood-Ratio[66] anzupassen, da sie linear verlaufen und die *wahre* Funktion der Log-Likelihood-Ratio zwei

62 Auszug aus *Gilbert, E. S.*, „On Discriminating ...“, S. 1408.
63 *Moore, D.H.* „Evaluation ...“, S. 400.
64 *Moore, D.H.* „Evaluation ...“, S. 401.
65 *Moore, D.H.* „Evaluation ...“, S. 401 f..
66 In Abhängigkeit der Anzahl der Variablen, die den Wert eins annehmen.

Kurven aufweist.[67] Die Ergebnisse der quadratischen Diskriminanzfunktion waren für alle drei betrachteten Populationen nicht besonders gut, weshalb Moore sie für binäre Variablen nicht empfiehlt.[68]

Lachenbruch beschreibt eine Untersuchung von Revo, die sich mit verschiedenen Klassifikationsregeln für die Poisson-, die negative Multinomial- und die diskretisierte Normalverteilung befaßte.[69] Danach überprüfte Revo vier Klassifikationsverfahren, darunter die $\hat{\text{L}}$DF, das multinomiale Modell, die Nächste-Nachbar-Methode und die Maximum-Likelihood-Ratio. Als Gütekriterium benutzte Revo die Fehlklassifikationswahrscheinlichkeit. Aufgrund seiner Experimente folgerte Revo, daß die $\hat{\text{L}}$DF meistens sehr gute Ergebnisse im Vergleich zur optimalen Regel liefere. Die Nächste-Nachbar-Methode und das multinomiale Modell hätten dagegen nicht so gut abgeschnitten; besonders dann nicht, wenn kleine Stichproben betrachtet wurden. Der Grund hierfür liege in der hohen Anzahl der zu schätzenden Parameter. Ferner seien die Ergebnisse der Maximum-Likelihood-Ratio in der Regel mit denen der $\hat{\text{L}}$DF vergleichbar gewesen. Lachenbruch führt weiter aus, daß Revo beobachtet hat, daß größere Korrelationen zwischen den Variablen die Leistung der $\hat{\text{L}}$DF beeinträchtigten, die Leistung des multinomialen Modells und der Nächste-Nachbar-Methode jedoch steigerten. Dies sei auf die Struktur der beiden letztgenannten Modelle zurückzuführen, die darauf ausgelegt seien, Abhängigkeiten zwischen den Variablen zu berücksichtigen.[70]

3.2.2.2 Stetige und diskrete Variablen

Hills, Linhart, Chang und Afifi sowie Krzanowski untersuchten den Fall des gemeinsamen Auftretens diskreter und stetiger Variablen. Hills und Linhart schlugen vor, die Stichproben mittels der diskreten Variablen zu unterteilen. Anschließend sollen separate Diskriminanzfunktionen für die Teilstichproben anhand der stetigen Merkmale geschätzt werden.[71] Auch Chang und Afifi favorisierten ein derartiges Vorgehen, wo-

67 *Moore, D.H.* „Evaluation ...", S. 402 f..
68 *Moore, D.H.* „Evaluation ...", S. 403.
69 *Lachenbruch, P. A.*, „Discriminant Analysis", S. 44 bezieht sich auf *Revo, L. T.*, „On Classifying with Certain Types of Ordered Qualitative Variates: An Evaluation of Several Procedures", 1970, North Carolina Inst. Stat. Mimeo Ser., 708.
70 *Lachenbruch, P. A.*, „Discriminant Analysis", S. 45.
71 *Hills, M.* „Discrimination ...", S.142 f., *Linhart, H.*, „Techniques ...", S. 138 ff..

bei sie nur eine dichotome Variable betrachteten.[72] Krzanowski erweiterte dieses Verfahren für mehrere dichotome Variablen.[73]

Krzanowski untersuchte die Klassifikationsergebnisse, die Fishers LDF für diskrete und stetige normalverteilte Variablen lieferte.[74] Im wesentlichen stimmten diese mit den Ergebnissen von Moore überein. Liegen Korrelationen zwischen den stetigen und diskreten Variablen vor, kann dies zu starken Verzerrungen führen. Sie steigen weiter an, wenn mäßige positive Korrelationen zwischen den diskreten Variablen vorliegen.[75] Liegt in einer Gruppe eine niedrige Korrelation vor, dafür aber in der anderen Gruppe eine hohe, ist ebenfalls mit stärkeren Verzerrungen zu rechnen. Das gilt auch für Korrelationen, die sich in beiden Gruppen im Vorzeichen unterscheiden.[76]

3.2.2.3 Stetige nicht normalverteilte Variablen

Im Gegensatz zu den diskreten Variablen wurde den stetigen nicht normalverteilten Variablen relativ wenig Aufmerksamkeit geschenkt. Dies liegt wahrscheinlich daran, daß sie schwerer zu identifizieren und zu handhaben sind.

Lachenbruch, Sneeringer und Revo beschränkten sich auf unabhängige Variablen und auf drei bestimmte Verteilungen, die auf der Normalverteilung basierten:[77]

$y = \log x$	$0 < x < \infty$	log- normal
$y = \log x / (1-x)$	$0 < x < 1$	logit-normal
$y = \sinh^{-1}(x)$	$\infty < x < \infty$	$\sinh^{-1}$ normal.

Untersucht wurden die Log-, die Logit- und die Sinh^{-1}-Normalverteilung. Die genannten Verteilungen haben den Vorteil, daß die optimalen Fehlklassifikationswahrscheinlichkeiten bekannt sind, weil die Variablen durch die inverse Transformation in nor-

72 *Chang, P.C., Afifi, A.A.*, „Classification...“, S. 336 ff..
73 *Krzanowski, W. J.*, „Binary ...“, S. 782 ff..
74 *Krzanowski, W. J.*, „The Performance ...“, S. 193 f..
75 *Krzanowski, W. J.*, „The Performance ...“, S. 195 ff..
76 *Krzanowski, W. J.*, „The Performance ...“, S. 199.
77 *Lachenbruch, P. A, Sneeringer, C., Revo, L. T.*, „Robustness ...“, S. 42.

malverteilte Merkmale zurückgeführt werden können.[78] Als Gütekriterium diente wieder die Fehlklassifikationswahrscheinlichkeit. Man fand heraus, daß die Gesamtfehlerrate fast immer zu hoch war. Außerdem waren die individuellen Fehlerraten in einer Weise verzerrt, daß die Fehlerrate der einen Gruppe deutlich über dem optimalen Niveau und die andere deutlich unter dem Optimum lag.[79] Aufgrund dieser Erkenntnisse schlugen die Autoren die Anwendung von Minimax-Regeln vor, um die Effekte der Verzerrung abzuschwächen. Die Minimax-Regel, die hier durch eine geeignete Wahl der Cutoff-Werte angenähert wurde, lieferte verhältnismäßig gute Ergebnisse.[80] Die linearen Klassifikationsregeln scheinen folglich sehr empfindlich auf stetige nicht normalverteilte Variablen zu reagieren. Die Auswirkungen der Nicht-Normalität waren im Fall der Logit-Normalverteilung nicht so gravierend, vermutlich, weil sie eine nach oben und unten begrenzte Verteilung darstellt.[81] Zusätzlich untersuchten die Autoren quadratische Regeln. Erstaunlicherweise konnten diese die Ergebnisse aber nicht signifikant verbessern; für einige Fälle verschlechterten sich die Ergebnisse sogar.[82]

3.2.2.4 Ergebnisse

Allgemein kann gesagt werden, daß die linearen Diskriminanzfunktionen sich für diskrete sowie für gemischt diskrete und stetige normalverteilte Variablen recht gut eignen, sofern nicht zu viele Variablen zu stark untereinander korreliert sind und die Gruppen größere Abstände aufweisen.[83] Positive Korrelationen beeinträchtigen die Klassifikationsergebnisse mehr als negative, wobei höhere Korrelationen die Ergebnisse nachteiliger beeinflussen.[84] Auf die quadratische Diskriminanzanalyse sind diese Aussagen nicht übertragbar, vielmehr sollte diese nicht auf derartige Verteilungstypen bzw. -kombinationen angewendet werden.[85] Die befriedigende Leistung der linearen Diskriminanzfunktion kann zweierlei Ursachen haben: Zum einen weist das für unabhängige dichotome Variablen optimale Modell[86] eine ähnliche Struktur wie die LDF

---

78 *Lachenbruch, P. A, Sneeringer, C., Revo, L. T.*, „Robustness ...“, S. 39 ff..

79 *Lachenbruch, P. A, Sneeringer, C., Revo, L. T.*, „Robustness .....“, S.44 ff, 53.

80 *Lachenbruch, Sneeringer und Revo*, „Robustness ....“, S. 49,53.

81 *Lachenbruch, P. A, Sneeringer, C., Revo, L. T.*, „Robustness...“, S.53.

82 *Lachenbruch, P. A, Sneeringer, C., Revo, L. T.*, „Robustness...“, S.49 ff., 53.

83 *Dillon, W. R., Goldstein, M.*, „On the performance ...“ , S. 312.

84 *Dillon, W. R., Goldstein, M.*, „On the performance ...“, S. 310.

85 *Moore, D.H.* „Evaluation ...“, S. 403.

86 Für diskrete Variablen mit mehr als zwei Merkmalsausprägungen erhält man eine Diskriminanzfunktion, die nicht linear in den ursprünglichen Variablen ist, sondern in den umkodierten Dummy-Variablen (siehe *Fahrmeir, L., Hamerle, A.*, „Multivariate ...“, S. 343).

auf, da es ebenfalls linear ist,[87] und zum anderen ist Fishers LDF aus einem verteilungsfreien Ansatz entwickelt worden.[88] Für die quadratische Diskriminanzfunktion ist das Vorliegen multivariater Normalverteilungen jedoch zwingende Voraussetzung.

Für stetige nicht normalverteilte Merkmale scheint sich dagegen weder die lineare noch die quadratische Diskriminanzfunktion zu empfehlen. Lachenbruch, Sneeringer und Revo schlagen deshalb vor, die Minimax-Regel anzuwenden oder wenn möglich, die Daten zu transformieren, um eine Normalverteilung zu approximieren. Dies realisierten Pinches und Mingo. Sie wandten in ihrer Bond-Rating[89] Studie eine log-Transformation an, um ihre Daten normalverteilter zu gestalten.[90] Auch E. I. Altman bediente sich zur Normalisierung der Daten einer solchen Transformation.[91] Eisenbeis gibt jedoch zu bedenken, daß Transformationen die Wechselbeziehungen der Variablen untereinander verändern können und mahnt deshalb zur Vorsicht.[92]

87 *Fahrmeir, L., Hamerle, A.*, „Multivariate ...“, S. 341 ff..

88 Siehe S. 14 ff., *Fahrmeir, L., Hamerle, A.*, „Multivariate ...“, S. 323.

89 Bewertungsskala für Wertpapiere auf dem amerikanischen Markt, sie gibt die Beurteilung der Bonität des Emittenten duch Standard & Poor´s und Moody´s, beides Börsenanlysten, wieder.

90 *Pinches, G. E., Mingo, K. A.*, „A Multivariate ...“, S. 4.

91 *Altman, E. I.*, „Corporate Financial ...“, S. 212 f..

92 *Eisenbeis, R. A.*, „Pitfalls ...“, 1977, S. 877.

4 Ungleiche Kovarianzmatrizen

Sehr häufig wird angenommen, daß die Kovarianzmatrizen der einzelnen Gruppen identisch sind. In diesem Kapitel soll nun dargestellt werden, welche Auswirkungen eine Verletzung dieser Annahme auf die Signifikanztests und die Klassifikationsergebnisse haben kann. Im Zusammenhang mit den Klassifikationsergebnissen wird auch auf die Anwendung linearer bzw. quadratischer Klassifikationsregeln eingegangen. Alle vorgestellten Studien unterstellen eine Normalverteilung der Variablen mit gruppenweise unterschiedlichen Mittelwertvektoren.

4.1 Auswirkungen auf die Signifikanztests

Ähnlich wie bei der Verletzung der Normalverteilungsannahme, hat die Mißachtung ungleicher Kovarianzmatrizen ebenfalls Auswirkungen auf die Signifikanztests. Auch hier ist eine F-Verteilung der Prüfgröße nicht mehr in jedem Fall gewährleistet. Holloway und Dunn untersuchten deshalb die Auswirkungen ungleicher Kovarianzmatrizen auf Hotellings T^2. Gegenstand ihrer Studie waren die Verzerrungen der Signifikanzniveaus und der Power der Tests. Die Autoren, die ihren Schwerpunkt auf den multivariaten Fall legten, kamen zu folgenden Ergebnissen:

Sie stellten allgemein fest, daß bei Ungleichheit der Kovarianzmatrizen das aktuelle Signifikanzniveau stark vom angenommenen abweichen kann, wobei das aktuelle Signifikanzniveau regelmäßig zu hoch sein wird. Dies trifft insbesondere auf eine hohe Variablenanzahl zu.[93] Folge davon ist, daß die H_o-Hypothese: $\mu_1=\mu_2$ zu häufig abzulehnen ist. Dementsprechend werden die Gruppen als erfolgreich getrennt angesehen, obwohl dies in Wirklichkeit gar nicht der Fall ist. Liegen annähernd identische Stichprobenumfänge vor, reduziert sich die Verzerrung des Signifikanzniveaus jedoch merklich. Betrachtet man allerdings die Power des Tests, so kann diese durch gleiche Stichprobenumfänge nicht aufrechterhalten werden. Anwachsende Stichprobenumfänge, zunehmende Unterschiede der Gruppenmittelwerte und steigende relative Stichprobengrößen[94] üben dagegen einen positiven Einfluß auf die Power aus.[95]

---

93 *Holloway, L. N., Dunn, O. J.*, „The Robustness ...“, S. 136.

94 Relative Stichprobengröße $r = n_1 /(n_1 + n_2)$. Dies ist für das Signifikanzniveaus jedoch eine verzerrende Bedingung.

Für den Test auf Gleichheit der Mittelwerte können die Auswirkungen ungleicher Kovarianzmatrizen jedoch teilweise umgangen werden. Anderson präsentierte nämlich einen exakten Test auf Gleichheit der Gruppenmittelwerte bei ungleichen Kovarianzmatrizen. Dieser galt allerdings nur für den eingeschränkten Fall der Identität der beiden Stichprobenumfänge ($n_1=n_2=n$). Für ungleiche Stichprobengrößen lieferte er einen approximativen Test, der folglich auch Beschränkungen unterliegt.[96, 97] Raos Trennfähigkeitstest, der im nächsten Kapitel erläutert wird, bleibt aber weiterhin von den oben geschilderten Auswirkungen betroffen, da er keine unterschiedlichen Kovarianzmatrizen berücksichtigen kann.

4.2 Auswirkungen auf die Klassifikationsergebnisse

Wie aus Formel (1.12) zu ersehen ist, ist die quadratische Diskriminanzfunktion in der Lage, unterschiedliche Kovarianzmatrizen der einzelnen Gruppen zu berücksichtigen. Sind beide Kovarianzmatrizen identisch, reduziert sich die quadratische Diskriminanzfunktion auf eine lineare. Mittels eines von Box vorgeschlagenen Tests, der allerdings eine Normalverteilung der Daten voraussetzt, kann die Identität der beiden Kovarianzmatrizen überprüft werden.[98] Liegt keine Normalverteilung vor, sollte man das Testergebnis vorsichtig interpretieren, da der Test sehr empfindlich auf die Verletzung der Normalverteilungsannahme reagiert.[99] Die naheliegende Schlußfolgerung ist, sofern identische Kovarianzmatrizen vorliegen, lineare Regeln anzuwenden, andernfalls quadratische. Dieses Vorgehen kann allerdings in bestimmten Fällen zu mangelhaften Ergebnissen führen. Die Bedingungen für die Anwendung linearer bzw. quadratischer Regeln werden im folgenden erläutert.

95 *Holloway, L. N., Dunn, O. J.*, „The Robustness ...“, S. 136.

96 *Anderson, T. W.*, An Introducion ...“, S. 119.

97 Siehe Anhang II, S. 88.

98 *Box, G. E. P.*, „A General Distribution ...“, S. 317 ff., siehe auch *Eisenbeis, R. A., Avery, R. B.*, „Discriminant Analysis ...“, S. 29. Auch andere Teststatistiken sind möglich, siehe *Seber, G. A. F.*, „Multivariate ...“, S.102 ff..

99 *Seber, G. A. F.*, „Multivariate ...“, S.102 ff..

4.2.1 Große Stichproben

E. Gilbert untersuchte die Auswirkungen der Anwendung Fishers linearer Regel bei gruppenweise ungleichen Kovarianzmatrizen.[100] Die Parameter wurden als bekannt vorausgesetzt. Die in Fishers linearer LDF verwendete gepoolte Kovarianzmatrix $\mathbf{\Sigma}$ berechnete sich folgendermaßen: $\mathbf{\Sigma}=p_1\mathbf{\Sigma}_1+p_2\mathbf{\Sigma}_2$. Die Variablen wurden einer derartigen linearen Transformation[101] unterzogen, daß die erste Gruppe eine $N(\mathbf{0},\mathbf{I})$ Verteilung und die zweite Gruppe eine $N(\mu, \mathbf{D})$ Verteilung besaß, wobei $\mathbf{I}$ die Einheitsmatrix und $\mathbf{D}$ eine Diagonalmatrix darstellt. Aufgrund der Linearität der Transformation wurden die Klassifikationsergebnisse nicht beeinflußt.[102] E. Gilbert betrachtete nur den Sonderfall, in dem alle Diagonalelemente der zweiten Gruppe identisch waren, bzw. die Diagonalmatrix ein Vielfaches der Einheitssmatrix war ($\mathbf{D}=d\mathbf{I}$). Als Gütekriterien diente die Fehlzuordnungswahrscheinlichkeit. Für verschiedene Werte von p, p_1, d, und δ^2 [103] betrachtete sie die Fehlklassifikationswahrscheinlichkeiten der Fisher´schen Regel[104] sowie die Verbesserung der Ergebnisse durch Anwendung quadratischer Klassifikationsregeln, die in Tabelle 3 für zwei und sechs Variablen dargestellt ist. Für große Stichproben kam E. Gilbert zu folgenden Ergebnissen:

			p = 2						
p_1	δ^2	d =	0.1	0.2	0.5	1	2	5	10
0.5	0		0.35	0.26	0.12	0	0.12	0.26	0.35
	1		0.10	0.07	0.07	0	0.07	0.07	0.10
	2		0.07	0.05	0.01	0	0.01	0.05	0.07
	4		0.04	0.03	0.01	0	0.01	0.03	0.04
0,6667	0		0.17	0.09	0.00	0	0.04	0.14	0.21
	1		0.13	0.09	0.03	0	0.01	0.05	0.09
	2		0.08	0.05	0.02	0	0.01	0.04	0.04
	4		0.04	0.04	0.02	0	0.00	0.03	0.03

100 *Gilbert, E. S.*, „The Effect ...“, S.505.

101 $Y = A'\Sigma^{-1/2}(x - \mu_1)$, wobei A eine Diagonalmatrix ist, für die gilt: $A'\Sigma_1^{-1/2}\Sigma_2(\Sigma_1^{-1/2})'A = D$.

102 *Holloway, L. N., Dunn, O. J.*, „The Robustness ...“, S. 125.

103 E. *Gilbert* untersuchte T^2, dies ist aber identisch mit δ^2, da $T^2 = (\mu_2-\mu_1)'\mathbf{\Sigma}^{-1}(\mu_2-\mu_1) = \delta^2$ (siehe *Wahl, P. W., Kronmal, R. A.*, „Discriminant Functions ...“, S. 481). Hier gilt im besonderen: $\delta^2= \mu'\mathbf{\Sigma}^{-1}\mu$ und $\mathbf{\Sigma}=p_1\mathbf{I}+p_2\mathbf{D}$.

104 Aus den Ergebnissen von *T. W. Anderson* und *R. R. Bahadur*, „Classification into ...“ folgt, daß für den Fall, wenn alle d_i gleich sind, die Fisher´sche Regel unter allen linearen Diskriminanzfunktionen die Gesamtfehlklassifikationswahrscheinlichkeit minimiert.

		p = 6							
p_1	δ^2	d =	0.1	0.2	0.5	1	2	5	10
0.5	0		0.47	0.41	0.22	0	0.22	0.41	0.47
	1		0.20	0.18	0.07	0	0.07	0.18	0.20
	2		0.16	0.13	0.05	0	0.05	0.13	0.16
	4		0.09	0.09	0.03	0	0.03	0.09	0.09
0,6667	0		0.30	0.24	0.06	0	0.10	0.25	0.31
	1		0.23	0.20	0.08	0	0.05	0.14	0.16
	2		0.16	0.13	0.05	0	0.04	0.11	0.13
	4		0.09	0.08	0.03	0	0.03	0.07	0.08

Tabelle 3: Reduktion der Gesamtfehlklassifikationswahrscheinlichkeit durch Anwendung der QDF anstelle von Fishers LDF für p = 2 und p = 6[105]

Die Klassifikationsergebnisse der QDF waren um so besser, je größer die Unterschiede zwischen den Kovarianzmatrizen, gemessen mittels d, waren, was in den Tabellen zeilenweise ablesbar ist. Je weiter man sich innerhalb einer Zeile von d=1 entfernt, desto größer ist die Verbesserung, die die QDF liefert. Waren die Unterschiede der Kovarianzmatrizen gering, so lieferte Fishers LDF befriedigende Ergebnisse.

Die Ergebnisse der QDF fielen auch bei großer Variablenanzahl sehr viel besser aus als die der Fisher'schen LDF, was ebenfalls aus einem Vergleich beider Tabellen zu ersehen ist. Nimmt man sich beispielsweise die Spalten für d=0,2 aus beiden Tabellen, so stellt man fest, daß die Verbesserung der Fehlklassifikationswahrscheinlichkeit bei Anwendung der QDF für sechs Variablen ungefähr doppelt so hoch ausfällt wie für zwei Variablen. Der Grund für dieses Verhalten ist einfach zu erklären: Je mehr Variablen im Modell enthalten sind, desto mehr Kovarianzunterschiede können möglicherweise entstehen.[106]

Bei geringen Abständen zwischen den Gruppenmittelwerten, gemessen mittels δ^2, erwies sich die QDF wiederum als überlegen, da sie die Verschiedenheit der Gruppenstreuungen dazu nutzen kann, die Gruppen besser zu trennen. Im Extremfall $\delta^2 = 0$ und $p_1 = p_2 = \frac{1}{2}$ hat die Fisher'sche LDF keinen Anhaltspunkt mehr, die Gruppen zu trennen, wohingegen die QDF die Unterschiede von Σ_1 und Σ_2 für eine erfolgreiche

105 *Gilbert, E. S.*, „The Effect ...", S. 512.

106 *Gilbert, E. S.*, „The Effect ...", S. 512.

Trennung nutzen kann. Die Verbesserung ist in diesem Fall maximal.[107] Je weiter die beiden Gruppen jedoch auseinander lagen, d.h. um so größer δ^2 war, desto geringer fiel die Verbesserung der Klassifikationsergebnisse durch die quadratische Diskriminanzfunktion aus.[108] Geht man die Spalten für eine bestimmte a priori Wahrscheinlichkeit p_1 von oben nach unten durch, so zeigt sich eine beständige Abnahme der Verbesserungsmöglichkeit der QDF gegenüber der LDF. Eine Analyse von Eisenbeis und Avery bestätigt dies. Die Autoren untersuchten die Anwendung quadratischer und linearer Klassifikationsregeln für Fishers Schwertlilien-Beispiel. Obwohl die Hypothese gleicher Kovarianzen abgelehnt wurde, lieferten beide Zuordnungsregeln identische Ergebnisse. Der Grund ist hier in den großen Abständen der einzelnen Gruppen voneinander zu sehen.[109]

Setzt man sich z.B. eine maximale Abweichung der Fehlklassifikationswahrscheinlichkeiten der LDF und der QDF von 5% zum Ziel, kommen nur die schattierten Bereiche der Tabelle 3 für eine Anwendung der Fisher'schen LDF in Frage. Beispielsweise ist für $p=2$ und $p_1=0{,}5$ ein Gruppenabstand von $\delta^2 \geq 2$ erforderlich, wobei $0{,}2 \leq d \leq 5$ für $\delta^2=2$ und $0{,}1 \leq d \leq 10$ für $\delta^2 > 2$ erfüllt sein muß.[110]

4.2.2 Kleine Stichproben

Marks und Dunn untersuchten die Leistungen der Fisher'schen LDF, der besten linearen Diskriminanzfunktion und der quadratischen Diskriminanzfunktion für den Fall ungleicher Kovarianzmatrizen unter bestimmten Bedingungen.[111] Sie variierten die Stichprobengröße, die relative Stichprobengröße, den Abstand der beiden Gruppen δ^2, die Unterschiede der Kovarianzmatrizen d_i[112], die Anzahl der Variablen p und die a

---

107 *Gilbert, E. S.*, „The Effect ...", S. 512.

108 *Gilbert, E. S.*, „The Effect ...", S. 511,514.

109 *Eisenbeis, R. A., Avery, R. B.*, „Discriminant Analysis ...", S. 47.

110 *E. Gilbert*, „The Effect ...", S. 509 ff., untersuchte auch die Auswirkungen ungleicher Kovarianzmatrizen auf die a posteriori Wahrscheinlichkeiten. Als Gütekriterium diente der Korrelationskoeffizient zwischen Fishers LDF und der QDF. *E.Gilbert* kam zu dem Ergebnis, das sich Fishers LDF bei ungleichen Kovarianzmatrizen im allgemeinen nicht zur Schätzung der a posteriori Wahrscheinlichkeiten eignet (S. 514).

111 *Marks, S., Dunn, O. J.*, „Discriminant Functions ...", S. 555 ff..

112 Es wurde nicht notwendig vorausgesetzt, daß alle d_i gleich sind, sondern spezielle Sonderfälle betrachtet.

priori Wahrscheinlichkeit p_1.[113] Als Gütekriterium diente die Gesamtfehlklassifikationswahrscheinlichkeit. Die Autoren nahmen die gleiche Transformation wie E. Gilbert vor, setzten aber keine bekannten Parameter voraus.[114] Bezüglich großer Stichproben sind die Ergebnisse von Marks und Dunn mit denen von E. Gilbert weitestgehend identisch.

Für kleine Stichproben stellten die Autoren fest, daß sich die linearen Klassifikationsregeln für eine geringe Variablenanzahl und ähnliche Kovarianzmatrizen wesentlich besser eignen als die quadratischen. Nimmt die Anzahl der Variablen in diesem Fall zu, werden die Ergebnisse der quadratischen Klassifikation noch schlechter.[115] Der Grund für dieses Verhalten liegt darin, daß für die $\hat{Q}$DF sehr viele Parameter geschätzt werden müssen. 2p Mittelwerte und p(p +1) Kovarianzelemente, d.h. p(p + 3) Parameter, müssen bestimmt werden. Bei der Fisher´schen LDF sind lediglich 2p Mittelwerte und ½ p(p +1) Kovarianzelemente, also ½ p(p + 5) Parameter zu ermitteln, was fast die Hälfte der nötigen Parameter der $\hat{Q}$DF darstellt.[116] Durch die Vielzahl der zu schätzenden Parameter leidet die Präzision der Schätzung stark. Das Fisher´sche lineare Verfahren überkompensiert folglich den Genauigkeitsverlust in der beschränkteren Diskriminanzfunktion durch den geringeren Schätzfehler. Bei steigender Variablenanzahl werden die Ergebnisse der $\hat{Q}$DF demzufolge schlechter. Erst wenn die Kovarianzmatrizen der Gruppen zunehmend unähnlicher werden, liefert die quadratische Diskriminanzfunktion bessere Ergebnisse[117], da der Schätzvorteil durch die Verschiedenheit der Kovarianzmatrizen überlagert wird. Grundsätzlich gilt auch, daß die lineare Diskriminanzfunktion um so bessere Ergebnisse liefert, je weiter die Gruppen voneinander entfernt sind (d.h. δ^2 groß). Weiterhin reduzierten identische Stichprobenumfänge die Fehlklassifikationswahrscheinlichkeiten bei allen untersuchten Verfahren.[118]

113 *Marks, S., Dunn, O. J.*, „Discriminant Functions ...“, S. 557 f..
114 *Marks, S., Dunn, O. J.*, „Discriminant ...“, S. 555 f..
115 *Marks, S., Dunn, O. J.*, „Discriminant ...“, S. 559.
116 *Altman, E. I., Avery, R. B., Eisenbeis, R. A., Sinkey, J. F.*, „Application of Classification ...“, S. 128.
117 *Marks, S., Dunn, O. J.*, „Discriminant ...“, S. 557 f..
118 *Marks, S., Dunn, O. J.*, „Discriminant ...“, S. 558.

4.2.3 Mittlere Stichproben

Wahl und Kronmal führten eine ähnliche Studie wie Marks und Dunn durch, untersuchten aber mehr Varianten unterschiedlicher Kovarianzmatrizen.[119] Die Autoren stellten in ihrer Studie die Bedeutung der Stichprobengröße für die Auswahl des Verfahrens deutlicher heraus und lieferten einige Faustregeln für den Zwei-Gruppen-Fall, um auch für mittlere Stichprobengrößen Anhaltspunkte zur Entscheidung zu geben.[120] Ist der Stichprobenumfang in jeder Gruppe größer als 25 und die Variablenanzahl kleiner oder gleich vier, können quadratische Regeln angewandt werden. Für je zwei zusätzliche Variablen, die in das Modell aufgenommen werden sollen, empfehlen sie die Hinzunahme weiterer 25 Beobachtungen pro Gruppe. Überschreiten die jeweiligen Stichprobenumfänge jedoch 100 Beobachtungen, so können quadratische Regeln immer angewandt werden, da die asymtotischen Eigenschaften dann sehr schnell erreicht werden.[121]

Altman untersuchte in einer Studie 53 bankrotte und 58 gesunde Firmen, wobei er sieben Variablen zur Trennung und Klassifikation heranzog.[122] Die Hypothese gleicher Kovarianzmatrizen wurde abgelehnt.[123] Nicht normalverteilte Variablen wurden mittels log-Transformation normalisiert.[124] Zur Klassifikation wandte er sowohl lineare als auch quadratische Zuordnungsregeln an. Seine Ergebnisse zeigten, daß die linearen Regeln den quadratischen überlegen sind, obwohl ungleiche Kovarianzmatrizen vorliegen.[125] Dies läßt sich mit den Ergebnissen von Wahl und Kronmal erklären. Für eine erfolgreiche Anwendung quadratischer Regeln wäre bei sieben Variablen ein Stichprobenumfang von 75 Beobachtungen je Gruppe nötig gewesen, tatsächlich lagen aber nur 53 bzw. 58 Beobachtungen vor.[126]

---

119 *Wahl, P. W., Kronmal, R. A.*, „Discriminant ...", S. 481.

120 *Wahl, P. W., Kronmal, R. A.*, „Discriminant ...", S. 479.

121 *Wahl, P. W., Kronmal, R. A.*, „Discriminant ...", S. 484.

122 *Altman, E. I.*, „Corporate Financial ...", S. 209 ff..

123 *Altman, E. I.*, „Corporate Financial ...", S. 214.

124 *Altman, E. I.*, „Corporate Financial ...", S. 212 f..

125 *Altman, E. I.*, „Corporate Financial ...", S. 215.

126 Eine weitere Ursache für das schlechte Abschneiden der QDA könnte auch in der Verletzung der Normalverteilungsannahme liegen.

4.2.4 Ergebnisse

Liegen große Stichproben[127] vor, sollten bei ungleichen Kovarianzmatrizen quadratische Klassifkationsregeln angewendet werden. Ein Beispiel von Eisenbeis und Avery illustriert dies.[128] Hat man es dagegen mit kleinen Stichproben zu tun, sind lineare Klassifikationsregeln regelmäßig besser, es sei denn, die Unterschiede der Kovarianzmatrizen sind erheblich. Für Stichproben mittleren Umfanges sollten die von Wahl und Kronmal vorgeschlagenen Faustregeln Anwendung finden. Die Benutzung von linearen Regeln, obwohl quadratische erforderlich wären, kann drastische Auswirkungen auf die Klassifikationsfehlerraten haben und starke Verzerrungen der individuellen Klassifikationsfehlerraten hervorrufen.[129] Aus diesem Grund sollte zur Bestimmung der sinnvolleren Regel ein Test auf Gleichheit der Kovarianzmatrizen durchgeführt werden. An dieser Stelle soll noch einmal betont werden, daß der genannte Test eine Normalverteilung der Variablen voraussetzt. Liegt diese nicht vor, so sollte er nur unter Vorbehalt angewandt werden, da er keine verläßlichen Ergebnisse liefert.

Im Konsumentenkreditgeschäft treten heutzutage kaum noch Probleme durch zu kleine Stichprobengrößen auf, da infolge der EDV-mäßigen Erfassung der Kredite kostengünstig auf ausreichend große Stichprobenumfänge zurückgegriffen werden kann. Clarke und McDonald standen beispielsweise für ihre Studie eine Stichprobe von insgesamt 27.000 Beobachtungen zur Verfügung.[130] Auch die Auswertung eines solchen Datensatzes bereitet heute keine größeren Probleme mehr. Folglich wäre die Anwendung quadratischer Regeln bei Vorliegen ungleicher Kovarianzmatrizen zu empfehlen.[131] Betrachtet man das Firmenkundengeschäft, könnte die Stichprobengröße hier jedoch immer noch einen Engpaßfaktor darstellen, da die vergebenen Kredite nicht so zahlreich und sehr heterogen sind. Demzufolge müssen z.B. branchen- oder größenspezifische Unterteilungen vorgenommen werden, was den Stichprobenumfang stark einschränken kann.[132]

---

127 Hier ist auch das Verhältnis Stichprobengröße-Variablenanzahl relevant.

128 *Eisenbeis, R. A., Avery, R. B.*, „Discriminant Analysis ...“, S. 38 ff..

129 *Altman, E. I., Avery, R. B., Eisenbeis, R. A., Sinkey, J. F.*, „Application ...“, S. 129.

130 *Clarke, D. G., McDonald, J. B.*, „Generalized ...“, S. 47.

131 Greift man aber die Ergebnisse des letzten Abschnitts auf, so schränken diese die Anwendbarkeit der quadratischen Diskriminanzfunktion wieder ein, da in der Regel nicht normalverteilte Daten vorliegen.

132 *Orgler, Y. E.*, „A Credit ...“, S. 436.

5 Dimensionsreduktion

Prinzipiell gibt es zwei Wege, in der Diskriminanzanalyse die Dimension zu reduzieren. Die erste Möglichkeit besteht darin, diejenigen Diskriminanzfunktionen auszuschließen, die keinen signifikanten Beitrag zur Trennung der Gruppen leisten. Dieser Fall ist hier jedoch nicht relevant, da nur der Zwei-Gruppen-Fall betrachtet wird, der immer nur eine Diskriminanzfunktion hervorbringt.[133] Alternativ bietet sich die Reduktion der Variablenanzahl in der Diskriminanzfunktion an, auf die im folgenden eingegangen wird.

5.1 Notwendigkeit der Variablenreduktion

Bei den meisten Anwendungen der Diskriminanzanalyse ist die Zahl der zur Ableitung der Diskriminanzfunktion zur Verfügung stehenden Objekte begrenzt. Dagegen ist die Zahl der Merkmale, die an einem Element gemessen werden können, praktisch unbegrenzt.[134]

Auch innerhalb der Problematik der Kreditwürdigkeitsprüfung ist die Generierung einer großen Anzahl von Variablen die Regel, da sehr viele Merkmale existieren, die potentiell über den Status des Kreditsuchenden entscheiden können.[135] Um eine optimale Trennung der Gruppen zu ermöglichen, ist es notwendig, daß die einzelnen Variablen Informationen über die Gruppen liefern, die zu deren Unterscheidung beitragen. Aus all diesen Variablen sollen nun diejenigen eliminiert werden, die nicht signifikant zur Trennung der Gruppen beitragen. Long und McConnell haben beispielsweise in ihrer Hypothekenstudie von 117 betrachteten Variablen nur neun Variablen benutzt und damit die maximale Vorhersagepräzision erreicht.[136] In der Regel werden ca. 15-20 Variablen zur Bonitätsbeurteilung herangezogen, wobei Alter, Darlehenshöhe, Beschäftigungsdauer, Familienstand und bestehendes laufendes Konto überwie-

---

133 Die Anzahl der Diskriminanzfunktionen ist dem Rang von $W^{-1}B$ äquivalent, der sich durch das Minimum von (g-1) oder p bestimmt. Da hier g=2 ist, kann es folglich nur eine Diskriminanzfunktion geben.

134 Vgl. *Wegscheider, K.*, „Invarianzeigenschaften ...“, S. 102.

135 In den USA ist die Berücksichtigung von Variablen wie Alter, Rasse, Religion, usw. nach den Richtlinien der ECOA zwecks Verhinderung der Diskriminierung einzelner Gruppen nicht gestattet.

136 *Long, M. S., McConnel, J. J.*, „Credit ...“, S. 29 ff..

gend vertreten sind.[137] Mit der Verminderung der Variablenanzahl sind zwei Vorteile verbunden:

Erstens ist mit dem reduzierten Modell eine erhebliche Kostenersparnis für die Kreditinstitute verbunden, da der Sachbearbeiter weniger Zeit benötigt, um die Daten aufzunehmen und zu verarbeiten. Außerdem sollte der Kunde aus psychologischen Gründen möglichst wenig befragt werden. Nebenbei kann auch der technische Aufwand verringert werden, was aber aufgrund der heutigen Technik nur eine untergeordnete Rolle spielt.

Zweitens kann zwar die optimale Fehlerrate der Bayes-Zuordnung durch zusätzliche Variablen höchstens geringer, aber nicht größer werden, für die tatsächliche oder erwartete tatsächliche Fehlerrate gilt dies allerdings nicht.[138] Im Fall exakt bekannter Verteilungen sinken die Fehlklassifikationsraten folglich monoton mit wachsender Merkmalsanzahl. Bei unbekannten oder geschätzten Verteilungsparametern zeigt sich jedoch der bekannte *Badewannen*-Effekt: Die Fehlerrate der Lernstichprobe[139] sinkt zwar weiterhin monoton, diejenige der Teststichprobe[140] sinkt jedoch zunächst mit wachsender Merkmalsanzahl, erreicht ein Minimum oder oszilliert etwas und steigt dann wieder an.[141] Der Grund für dieses Verhalten liegt in einer wesentlichen Eigenschaft aller multivariaten Verfahren, wozu auch die Diskriminanzanalyse gehört: Die Präzision der verwendeten Schätzer nimmt bei festem Stichprobenumfang mit steigender Variablenanzahl ab. Dieser ist unvermeidlich, das Ausmaß hängt jedoch vom verwendeten Verfahren ab. Folglich muß die Variablenanzahl in einem vernünftigen Verhältnis zur Stichprobengröße stehen. Der Trenninformation, die in einer neuen Variablen steckt, steht die Verringerung der Präzision der Schätzung gegenüber und die Bi-

---

137 *E. Rosenberg* und *A. Gleit* erwähnen in ihrem Artikel „Quantitative Methods ..." auf Seite 596, daß Durand die Variable Alter für unwichtig hielt. Durand stützte sich bei der Bestimmung der Bedeutung der individuellen Variablen jedoch nur auf standadisierte Diskriminanzfunktionskoeffizienten (*Altman, E. I., Avery, R. B., Eisenbeis, R. A., Sinkey, J. F.*, „Application ...", S. 173).

138 Vgl. *Wegscheider, K.*, „Invarianzeigenschaften ...", S. 102, *Fahrmeir, L., Hamerle, A.*, „Multivariate ...", S. 316.

139 Stichprobe, aus der die Diskriminanzfunktion geschätzt wird.

140 Stichprobe, die zur Beurteilung der Diskriminanzfunktion herangezogen wird. Die Elemente der Teststichprobe werden über die aus der Lernstichprobe geschätzte Diskriminanzfunktion klassifiziert.

141 *Häußler, W. M.*, „Empirische Ergebnisse ...", S. B 201.

lanz ist ungewiß.[142] Da in der praktischen Anwendung die exakten Verteilungen meistens nicht bekannt sind, besteht die Notwendigkeit zur Reduktion der Variablenanzahl.

5.2 Bestimmung der individuellen Bedeutung der Variablen/ Dimensionsreduktion

Zunächst soll das Problem der Bedeutung individueller Variablen für die Trenn- bzw. Klassifikationseigenschaften der Diskriminanzfunktion erörtert werden. Interessant kann es beispielsweise sein, die Bedeutung einer Variablen, die recht kostenintensiv ist oder tief in die Privatsphäre des Kunden eindringt, zu ermitteln, um sie gegebenenfalls auslassen zu können.[143]

Die Koeffizienten der Diskriminanzfunktion sind nur bis auf einen Proportionalitätsfaktor bestimmt, da für die Trennung der Gruppen nur die Richtung des Vektors **a** relevant ist. Folglich sind nur die relativen Verhältnisse der Variablen zueinander eindeutig festgelegt. Die Ermittlung der Bedeutung der einzelnen Variablen gestaltet sich daher nicht so einfach wie in der Regressionsanalyse. Dort kann man die jeweiligen Regressionskoeffizienten mit Hilfe eines einfachen t-Tests daraufhin überprüfen, ob sie einen signifikanten Beitrag zur Erklärung der Gesamtstreuung leisten oder nicht. In der Diskriminanzanalyse ist es aufgrund der fehlenden Eindeutigkeit des Vektors **a** dagegen nicht möglich zu testen, ob ein Koeffzient a_i gleich Null oder gleich einem anderen Wert β ist. Hier sind nur bedingte Tests möglich. Um die Signifikanz individueller Variablen festzustellen, sind deshalb andere Verfahren erforderlich. Sechs[144] sollen hier vorgestellt und kritisch bewertet werden.

Gleichzeitig wird auch die Trennfähigkeit verschiedener Variablenkombinationen untersucht. So kann eine Untergruppe von j relevanten Variablen ermittelt werden, die dann die Gesamtheit aller Variablen ohne große Genauigkeitsverluste ersetzen kann. Voraussetzung ist allerdings, daß ein bestimmter Genauigkeitsgrad für das reduzierte

---

[142] *Wegscheider, K.*, „Invarianzeigenschaften ...“, S. 103 f..

[143] *Weibel, P. F.*, „Die Bonitätsbeurteilung ...“, S. 63.

[144] Es könnte noch eine siebte Methode, die die Fehlklassifikationsraten als Beurteilungskriterium verwendet, betrachtet werden. Eine solche wurde von *Urbakh* (*Urbakh, V. Y.*, „Linear Discriminant ...“, S. 531 ff.) vorgeschlagen. Wie *Altman* (*Altman, E. I., Avery, R. B., Eisenbeis, R. A., Sinkey, J. F.*, „Application ...“, S. 139) aber erläutert, ist dieses Verfahren im Zwei-Gruppen-Fall durch die Vorwärtsselektions-, die Rückwärsselektions- oder die Bedingte Ausschlußmethode ersetzbar.

im Vergleich zum vollen Modell gegeben ist, da sonst kein Ausschlußkriterium vorliegt. Die sechs Variablenselektionsmethoden sind auch auf dieses Problem anwendbar. Zusätzlich wird als weiteres Verfahren noch die Ausschöpfende Methode erläutert. Die folgenden Ausführungen beziehen sich im wesentlichen auf Eisenbeis, G. Gilbert und Avery[145] sowie Eisenbeis und Avery.[146] Zunächst erfolgt die Analyse auf univariater Ebene, dann wird sie auf die multivariate Ebene ausgedehnt.

5.2.1 Univariate Ebene

5.2.1.1 Univariater F-Test

Das erste und einfachste Verfahren zur Ermittlung der Rangfolge der Variablen in ihrer Wichtigkeit für die Trennung der Gruppen basiert auf der univariaten F-Statistik. Folgende Kriterien können genutzt werden, da sie im Zwei-Gruppen-Fall identisch sind[147]:

$$D_i^2 = \frac{n_1 + n_2}{n_1 n_2} \frac{(\bar{x}_{1i} - \bar{x}_{2i})^2}{s_i^2} \quad \text{oder} \quad \Lambda_i = \frac{W_{ii}}{T_{ii}}, \qquad \text{für } i = 1,\ldots,p$$

$$\frac{n_1 n_2 (n_1 + n_2 - p)}{(p-1)(n_1 + n_2 - 2)(n_1 + n_2)} D_i^2 = \frac{n_1 + n_2 - p}{p-1} \frac{1 - \Lambda_i}{\Lambda_i} \sim F(p-1,\, n_1 + n_2 - p)^{148} \qquad i = 1,\ldots,p.$$

Die Variablen können nun aufgrund ihrer D_i^2-Werte in eine Rangfolge gebracht werden. Je größer D_i^2 oder je kleiner Λ_i, desto größer ist die univariate Bedeutung der Variablen.[149] Weiterhin kann der Wert des Signifikanzniveaus α, auf dem jede einzelne Variable noch als signifikant angesehen werden kann, betrachtet werden. Dieser dient als Indikator für die Trennfähigkeit der Variablen. Je kleiner das Signifikanzniveau α,

145 *Eisenbeis, R. A., Gilbert, G. G., Avery, R. B.*, „Investigating ...“, S. 205 ff..

146 *Eisenbeis, R. A., Avery, R. B.*, Discriminant Analysis ...“, S. 67 ff..

147 Es gilt: $(n_1 n_2) / [(n_1 + n_2 - 2)(n_1 + n_2)]\, D^2 = (1 - \Lambda) / \Lambda$, vgl. *Altman, E. I., Avery, R. B., Eisenbeis, R. A., Sinkey, J. F.*, „Application of Classification ...“, S. 43.

148 Vgl. *Eisenbeis, R. A., Avery, R. B.*, Discriminant Analysis ...“, S. 67 ff., *Fahrmeir, L., Hamerle, A.*, „Multivariate ...“, S. 326.

149 *Eisenbeis, R. A., Avery, R. B.*, Discriminant Analysis ...“, S. 70, *Eisenbeis, R. A., Gilbert, G. G., Avery, R. B.*, „Investigating ...“ S. 206 f..

desto relevanter ist die Variable.[150] Möchte man eine bestimmte Anzahl von Variablen auswählen, so kann man vorher das gewünschte Signifikanzniveau bestimmen und jede Variable eliminieren, die den Test dann nicht mehr besteht. Andererseits ist es aber auch möglich, bei vorgegebener Variablenanzahl j die ersten j der Rangfolge auszuwählen.

Dieses Verfahren wurde u.a. von Altman[151] angewandt, um die Rangfolge der Variablen zu bestimmen.

5.2.1.2 Standardisierte Diskriminanzfunktionskoeffizienten

Diese Methode trägt der Tatsache Rechnung, daß die einzelnen Variablen sehr häufig in unterschiedlichen Maßeinheiten gemessen werden. Die Skalierungseffekte können einen maßgeblichen Einfluß auf die Diskriminanzfunktionskoeffizienten haben. Hat man z.B. die Variable Einkommen, und ändert deren Maßeinheit von TDM auf DM, so würde sich der zugehörige Diskriminanzkoeffizient um den Faktor 1000 vergrößern.[152] Aus diesem Grund werden die Diskriminanzfunktionskoeffizienten a_i standardisiert, indem sie mit der Quadratwurzel der Standardabweichung der jeweiligen Variablen multipliziert werden:

$$a_i^* = a_i (W_{ii})^{\frac{1}{2}} \qquad i = 1,\ldots,p.$$

Die entsprechenden Werte $\mathbf{W}_{ii}$ sind die Diagonalelemente der Innergruppenstreuungsmatrix $\mathbf{W}$.[153] Die relative Größe[154] der gewichteten Koeffizienten kann dann als Indikator für die relative Bedeutung der Variablen angesehen werden, wobei ein höherer standardisierter Koeffizient eine größere Bedeutung anzeigt.[155] Auch hier kann eine Untergruppe von j Variablen ermittelt werden, die aus den j Variablen mit den höchsten standardisierten Koeffizienten besteht.

---

150 *Eisenbeis, R. A., Avery, R. B.*, Discriminant Analysis ...", S. 70, *Eisenbeis, R. A., Gilbert, G. G., Avery, R. B.*, „Investigating ..." S. 206 f..

151 *Altman, E. I.*, „Financial Ratios ...", S. 596.

152 Vgl. *Backhaus, K., Erichson, B., Plinke, W., Weiber, R.*, „Multivariate Analysemethoden ...", S. 122.

153 *Eisenbeis, R. A., Avery, R. B.*, Discriminant Analysis ...", S. 70.

154 Standardisierter Koeffizient a_i* im Verhältnis zu Summe aller standardisierter Koeffizienten Σa_i*.

155 *Eisenbeis, R. A., Avery, R. B.*, Discriminant Analysis ...", S. 70, *Eisenbeis, R. A., Gilbert, G. G., Avery, R. B.*, „Investigating ..." S. 207.

Altman hielt dies Verfahren im Vergleich zum univariaten F-Test für das bessere und untersuchte deshalb zusätzlich die standardisierten Koeffizienten.[156]

5.2.1.3 Methode nach Mosteller und Wallace

Mosteller und Wallace schlugen ein Selektionskriterium, das den Beitrag der i-ten Variablen zur Mahalanobis-Distanz mißt, vor:[157]

$$a_i^{**} = a_i \frac{\left(\overline{x}_{1i} - \overline{x}_{2i}\right)}{\sum_{i=1}^{p} a_i \left(\overline{x}_{1i} - \overline{x}_{2i}\right)} \qquad i = 1,\ldots,p.$$

Anhand der gewichteten Koeffizienten a_i^{**} kann nun eine Rangfolge der Variablen aufgestellt werden, wobei die Variable i mit dem größten Koeffizienten a_i^{**} die wichtigste darstellt.[158] Auch hier kann wieder über eine vorgegebene Variablenanzahl eine nach diesem Kriterium optimale Kombination ermittelt werden.

Awh and Waters nutzten in ihrer Studie dieses Verfahren,[159] aber auch Joy und Toleffson favorisierten es.[160] Dagegen empfehlen Eisenbeis und Altman die Anwendung dieser Methode nicht, da die so gewichteten Koeffizienten nur schwer zu interpretieren seien. Als Grund führen sie an, daß die Gewichte der Koeffizienten erstens sowohl positiv als auch negativ sein könnten, zweitens größere Werte als eins annehmen könnten und sich drittens folglich nicht zu eins summierten.[161] Auch Scott bezweifelt die Vorteilhaftigkeit dieses Verfahrens gegenüber dem Standadisierungsverfahren aus 5.2.1.2.[162]

---

156 *Altman, E. I.*, „Financial Ratios ...“, S. 596 f..
157 *Mosteller, F., Wallace, D. L.*, „Inference ...“, S. 282 f..
158 *Joy, O. M., Toleffson, J. O.*, „On the Financial ...“, S. 729.
159 *Awh, R. Y., Waters D.*, „Discriminant Analysis ...“, S. 975.
160 *Joy, O. M., Toleffson, J. O.*, „On the Financial ...“, S. 729.
161 *Eisenbeis, R. A.*, „Pitfalls ...“, S. 884, *Altman, E. I., Avery, R. B., Eisenbeis, R. A., Sinkey, J. F.*, „Application ...“, S. 136.
162 *Scott, E.*, „On the Financial ...“, S. 203.

5.2.1.4 Grenzen der univariaten Analyse

Alle drei Methoden zur Bestimmung der Trennfähigkeit einzelner Variablen auf univariater Basis sind nicht in der Lage, Korrelationen zwischen den Variablen zu berücksichtigen. Daher sind sie streng genommen nur für unabhängige Variablen anwendbar. Cochran untersuchte die Auswirkungen korrelierter Variablen auf die Mahalanobis-Distanz D^2 im Vergleich zum unabhängigen Fall.[163] Cochran und Bliss zeigten, daß auf univariater Basis anscheinend unwichtige Variablen im multivariaten Zusammenhang größere Bedeutung entfalten können.[164]

5.2.2 Multivariate Ebene

Aus diesem Grund sollen nun multivariate Methoden angewandt werden, um auch die Korrelationen zwischen den Variablen in die Analyse mit einbeziehen zu können. Die Verfahren basieren alle auf der multivariaten F-Statistik. Technisch bereitet die Anwendung multivariater Methoden heutzutage keine Probleme mehr.[165] In den folgenden Ausführungen wird die geschätzte Mahalanobis-Distanz D^2 zur Auswahl der Variablen herangezogen. Anstelle der Mahalanobis-Distanz D^2 könnte man auch Wilks Lambda Λ betrachten. Da hier aber nur der Zwei-Guppen-Fall behandelt werden soll, wird aus Gründen der Anschaulichkeit das Maß D^2 verwendet. Zu beachten ist, daß das im Anschluß erläuterte Testkriterium von Rao eine multivaraite Normalverteilung der Variablen und gruppenweise identische Kovarianzen unterstellt.

5.2.2.1 Bewertung der Trennfähigkeit von Variablenkombinationen

Das von Rao vorgestellte Entscheidungskriterium, das die Beurteilung von verschiedenen Variablenkombinationen im Hinblick auf ihre Trennfähigkeit bezüglich der Gruppen ermöglicht teilt den Beobachtungsvektor $\mathbf{x}$ in $(\mathbf{x}_1, \mathbf{x}_2)$, wobei $\mathbf{x}_1=(x_1,\ldots\ldots,x_j)$ und $\mathbf{x}_2=(x_{j+1},\ldots\ldots,x_p)$ ist.[166] Er entwickelte dann eine Prüfgröße, die die Beurteilung der

---

163 Siehe Anhang III, S. 89 f..

164 *Cochran, W. G., Bliss, C. I.*, „Discriminant Functions ...“, S. 151 ff..

165 *Weibel P. F.*, „Die Bonitätsbeurteilung ...“, S. 30.

166 *Rao, C. R.*, „Advanced Statistical ...“, S. 264 ff..

Trennfähigkeit der j Variablen in bezug auf die Trennfähigkeit aller p Variablen erlaubte:

$$F = \frac{n_1 + n_2 - p - 1}{p - j} \frac{A\left(D_p^2 - D_j^2\right)}{1 + AD_j^2} \sim F(p\text{-}j,\, n_1 + n_2 - 2),$$

wobei $A = \frac{n_1 n_2}{(n_1 + n_2)(n_1 + n_2 - 2)}$

und D_p^2 die Mahalanobis-Distanz unter Berücksichtigung aller Variablen und D_j^2 die Mahalanobis-Distanz unter Berücksichtigung von j Variablen ist. Mit diesem Testkriterium kann man auch bestimmen, ob eine einzelne Variable einen signifikanten Beitrag zur Trennung der Gruppen liefert (j = p-1). Mithin kann jede Variablenkombination kann folglich daraufhin getestet werden, ob sie bei einem bestimmten Signifikanzniveau α die gleiche Trenngüte aufweist wie alle Variablen gemeinsam.[167] Eisenbeis und Avery halten ein Signifikanzniveau von ca. 1 % für angemessen.[168]

5.2.2.2 Bedingte Ausschlußmethode

Bei der *Bedingten Ausschlußmethode* wird die Mahalanobis-Distanz D_p^2 zunächst für die Gesamtheit aller p Variablen berechnet. Dann wird eine Variable ausgeschlossen und die Mahalanobis-Distanz D_{p-1}^2 für die restlichen p-1 Variablen ermittelt. Diese Prozedur wird für jede Variable durchgeführt. Die wichtigste Variable ist dann diejenige, die bei ihrem Ausschluß die größte Differenz zwischen D_p^2 und D_{p-1}^2 aufweist. Dementsprechend läßt sich auf dieser Basis eine Rangfolge der einzelnen Variablen bestimmen.[169] Für die Bestimmung der Rangfolge ist die Berechnung von p Mahalanobis-Distanzen erforderlich. Anhand eines vorgegebenen Signifikanzniveaus α können dann die j Variablen, die die p Variablen ohne größeren Informationsverlust ersetzen können, mit Hilfe von Raos Test bestimmt werden.

---

167 *Lachenbruch, P. A.*, „Discriminant Analysis", S. 27.

168 *Eisenbeis, R. A., Avery, R. B.*, Discriminant Analysis ...", S. 77.

169 *Eisenbeis, R. A., Avery, R. B.*, Discriminant Analysis ...", S. 71, *Eisenbeis, R. A., Gilbert, G. G., Avery, R. B.*, „Investigating ..." S. 208.

5.2.2.3 Vorwärtselektionsverfahren

Dieser Algorithmus wählt zuerst die auf univariater Basis wichtigste Variable aus. Die zweitwichtigste Variable wird dann mit Hilfe von D_2^2 unter der Bedingung ermittelt, daß die erste schon in der Kombination enthalten ist. Die Reihenfolge der Aufnahme der Variablen zeigt ihre relative Stellung zur Gesamtheit an, wobei die zuerst aufgenommene die wichtigste und die zuletzt berücksichtigte die unwichtigste darstellt.[170] Um alle p Variablen in eine Rangfolge zu bringen, ist die Berechnung von p(p+1)/2-1 verschiedenen Mahalanobis-Distanzen erforderlich. Auch hier können wieder die j wichtigsten Variablen mit Raos Test bei vorgegebenem Signifikanzniveau α ermittelt werden.

5.2.2.4 Rückwärtsselektionsverfahren

Dieses Verfahren stellt die Umkehrung der *Vorwärtsselektionsmethode* dar, da von der Gesamtheit aller p Variablen ausgegangen wird. Schrittweise wird hier je eine Variable entfernt. Zuerst wird die Mahalanobis-Distanz D_p^2 für alle p Variablen bestimmt. Anschließend wird jede einzelne Variable einmal aus der Gesamtheit ausgeschlossen und für die Untergruppe von p-1 Variablen D_{p-1}^2 bestimmt. Die Variable, die den geringsten Trennbeitrag, d.h. die die geringste Differenz zwischen D_p^2 und D_{p-1}^2 aufweist, wird aus der Gesamtheit herausgenommen. Nun wird aus diesen p-1 Variablen die zweit-unwichtigste Variable auf der Basis der Differenz von D_{p-1}^2 und D_{p-2}^2 entfernt. Übrig bleiben die p-2 wichtigsten Variablen. Das Verfahren wird solange fortgeführt, bis alle Variablen ausgeschlossen sind. Die Variable, die zum Schluß eliminiert wurde stellt nach diesem Kriterium die wichtigste Variable, d.h. die den größten Trennbeitrag liefert, dar.[171] Für die Ermittlung der Rangfolge sind p(p+1)/2-1 verschiedene Mahalanobis-Distanzen zu berechnen. Auch dieses Verfahren bietet die Möglichkeit, auf der Basis von Raos Test bei vorgegebenem Signifikanzniveau α die j wichtigsten auszuwählen.

---

170 *Eisenbeis, R. A., Avery, R. B.*, Discriminant Analysis ...", S. 74, *Eisenbeis, R. A., Gilbert, G. G., Avery, R. B.*, „Investigating ..." S. 208.

171 Vgl. *Eisenbeis, R. A., Avery, R. B.*, Discriminant Analysis ...", S. 74, *Eisenbeis, R. A., Gilbert, G. G., Avery, R. B.*, „Investigating ....." S. 208.

5.2.2.5 Ausschöpfende Methode

Bei der *Ausschöpfenden Methode* werden alle möglichen Variablenkombinationen auf ihre Trennfähigkeit hin untersucht. Sollen *u* Variablen eliminiert werden, dann wird für alle möglichen $\binom{p}{p-u}$[172] Kombinationen mit Hilfe der Prüfgröße von Rao die Trennfähigkeit untersucht.[173] Die Auswahl kann aber auch über ein vorgegebenes Signifikanzniveau α bestimmt werden. In diesem Fall soll diejenige Variablenkombination gewählt werden, die auf dem Signifikanzniveau α mit minimaler Variablenanzahl die gewünschte Trenngüte aufweist. In der Regel wird die Ausschöpfende Methode das erforderliche Signifkanzniveau mit weniger Variablen erreichen als die vorgenannten Verfahren, da nur bei der Ausschöpfenden Methode gewährleistet ist, daß die $p\text{-}u$ wichtigsten Variablen ausgewählt werden.[174] Bei den anderen Algorithmen ist es nicht mehr möglich, eine einmal ausgeschlossene oder eingeschlossene Variable in einer späteren Kombination zu berücksichtigen oder auszuschließen. Aufgrund der Korrelation der einzelnen Variablen, müssen z.B. die r+1 optimal trennenden Variablen nicht diejenigen enthalten, die in den r optimalen Variablen enthalten waren.[175] Bei der Bestimmung von r+1 optimalen Variablen kann so eine ganz andere Variablenzusammenstellung relevant werden. Dies wird jedoch nur von der Ausschöpfenden Methode berücksichtigt. Je nach Variablenanzahl p erfordert diese Methode einen relativ hohen Rechenaufwand.[176]

5.2.3 Bewertung der Methoden

Im folgenden soll eine Bewertung der zuvor dargestellten Methoden vorgenommen werden. Wie in 5.2.1.4 bereits erläutert, sind die univariaten Selektionsverfahren im Gegensatz zu den multivariaten Verfahren nicht in der Lage, Korrelationen der Variablen untereinander zu berücksichtigen. Folglich sind die multivariaten Selektionsmethoden im Vorteil. Da heutzutage die Anwendung multivariater Verfahren keine re-

172 $p - u = j$.
173 *Hand, D. J.*, „Discrimination and Classification", S. 138.
174 *Eisenbeis, R. A., Gilbert, G. G., Avery, R. B.*, „Investigating ..." S. 217.
175 *Lachenbruch, P. A.*, „Discriminant Analysis", S. 74.
176 *Hand, D. J.*, „Discrimination and Classification", S. 138

chentechnischen Probleme mehr bereitet, ist es sinnvoller, derartige Verfahren anzuwenden.[177 178]

Um die Qualität der Selektionsverfahren beurteilen zu können, ermittelten Eisenbeis, G. Gilbert und Avery die Fehlklassifikationswahrscheinlichkeiten[179] bei linearen und quadratischen Klassifikationsregeln. Sie wählten drei bzw. neun Variablen aus fünfzehn mittels bestimmter Selektionsmethoden aus. Die Ergebnisse für neun Variablen sind in Tabelle 4 dargestellt. Es wurde sowohl ein empirischer als auch ein simulierter Datensatz untersucht.[180] Die simulierte Population bestand aus gruppenweise multivariat nomalverteilten Merkmalen mit identischen Kovarianzmatrizen.[181] Die minimalen Fehlklassifikationswahrscheinlichkeiten sind jeweils schattiert.

	univariater F-Test	Standardisierte Diskriminanzfunktionskoeffzienten	Bedingte Ausschluß-methode	Vorwärts-selektions-methode	Rückwärts-selektions-methode	Ausschöpfende Methode
lineare Regel, empirische Daten	20,000 %	21,818 %	21,818 %	20,000 %	18,182 %	20,000 %
quadratische Regel, empirische Daten	18,182 %	14,548 %	20,000 %	10,909 %	14,545 %	18,182 %
lineare Regel, simulierte Daten	16,364 %	16,727 %	14,909 %	16,727 %	17,815 %	13,818 %
quadratische Regel, simulierte Daten	0,364 %	0,364 %	0, 364 %	0,727 %	1,091 %	0,364 %

Tabelle 4: Fehlklassifikationswahrscheinlichkeiten (in Prozent) linearer und quadratischer Klassifikationsregeln, wobei neun Variablen aus fünfzehn mittels bestimmter Selektionsmethoden ausgewählt wurden[182]

177 Obwohl die Unabhängigkeitsannahme der univariaten Methoden nicht immer negative Auswirkungen zur Folge hat (siehe Anhang III, S. 80 f.).

178 Vgl. *Weibel P. F.*, „Die Bonitätsbeurteilung ...“, S. 30.

179 Die Fehlklassifikationswahrscheinlichkeiten wurden mit der Resubstitutionsmethode ermittelt.

180 Der empirische Datensatz enthielt 18 bzw. 37 Beobachtungen, der simulierte 90 bzw. 185 Beobachtungen.

181 *Eisenbeis, R. A., Gilbert, G. G., Avery, R. B.*, „Investigating ...“, S. 215.

182 *Eisenbeis, R. A., Gilbert, G. G., Avery, R. B.*, „Investigating ...“, S. 214.

Zunächst sollen die Ergebnisse für die simulierte Population betrachtet werden. Wie zu erwarten war, liefert die *Ausschöpfende Methode* bei Anwendung linearer Klassifikationregeln die besten Ergebnisse. Bei Anwendung quadratischer Regeln, die ungleiche Kovarianzmatrizen erlauben, liefern die vorgestellten Selektionsmethoden nur approximative Ergebnisse, da die Selektionsprozeduren identische Kovarianzmatrizen voraussetzen.[183] Daher ist die *Ausschöpfende Methode* bei quadratischen Regeln nicht unbedingt die erfolgreichste.

In der Praxis ist die Voraussetzung der multivariaten Normalverteilung sowie die der identischen Kovarianzmatrizen regelmäßig nicht erfüllt. Dies spiegelt sich in dem empirischen Datensatz wieder. Die Hypothese der Normalverteilung[184] wurde auf dem Signifikanzniveau von 0,5% abgelehnt.[185] Zunächst sollen lineare Klassifikationsregeln betrachtet werden. Die Ergebnisse zeigen, daß die *Ausschöpfende Methode* in diesem Fall nicht immer die niedrigsten Fehlklassifikationswahrscheinlichkeiten lieferte.[186] Da die Voraussetzung der multivariaten Normalverteilung nicht erfüllt ist, unterliegt auch Raos Test den in Kapitel drei erläuterten Verzerrungen. So entspricht das gewünschte Signifikanzniveau möglicherweise nicht mehr dem angenommenen. Folglich ist die Auswahl, die mittels dieses Test getroffen wird, nur noch eingeschränkt zuverlässig. Wäre sie verläßlich gewesen, so hätte die *Ausschöpfende Methode* bei Anwendung linearer Regeln die besten Ergebnisse geliefert. Wie aus Tabelle 4 zu ersehen ist, schnitt die *Rückwärtsselektionsmethode* dagegen recht gut ab. Für eine kleine Anzahl von Variablen, d.h. fünf oder weniger, lieferte die einfache *Univariate F-Test-Methode* befriedigende Ergebnisse.

Schließlich muß noch erwähnt werden, daß die Bestimmung der optimalen Variablenanzahl bzw. -kombination auch von der verwendeten Diskriminanzfunktion abhängt.[187] Je nachdem, ob ein quadratisches oder lineares Verfahren benutzt werden soll, läßt sich eine eigene optimale Variablenanzahl und -kombination bestimmen.[188] Auch dies zeigen die Ergebnisse von Eisenbeis, G. Gilbert und Avery. Für die Anwendung linearer Klassifikationsregeln lieferte die *Rückwärtsselektionsmethode* unter Hinzuziehung

183 *Eisenbeis, R. A., Gilbert, G. G., Avery, R. B.*, „Investigating ...“, S. 213.

184 Sowohl mit gleichen als auch ungleichen Kovarianzmatrizen.

185 *Eisenbeis, R. A., Gilbert, G. G., Avery, R. B.*, „Investigating ...“ S. 215.

186 *Eisenbeis, R. A., Gilbert, G. G., Avery, R. B.*, „Investigating ...“ S. 214 ff..

187 Wie oben erläutert liefern die Selektionsmethoden für ungleiche Kovarianzmatrizen nur approximative Ergebnisse.

188 *Wegscheider, K.*, „Invarianzeigenschaften ...“, S. 102 ff..

von neun Variablen die besten Ergebnisse. Wandte man jedoch quadratische Regeln an, so stellte sich die *Vorwärtsselektionsmethode* mit ebenfalls neun Variablen als die bessere dar.

Abschließend sollte man immer angeben, auf welcher Basis man die benutzten Variablen ausgewählt hat, da die vorgestellten Verfahren in der Regel zu unterschiedlichen Ergebnissen in der Rangfolge führen.[189] Das Beispiel von Eisenbeis, G. Gilbert und Avery illustriert dies.[190, 191]

189 *Eisenbeis, R. A., Gilbert, G. G., Avery, R. B.*, „Investigating ...“, S. 218.

190 *Eisenbeis, R. A., Gilbert, G. G., Avery, R. B.*, „Investigating ...“ S. 212, 214.

191 *Altman* (*Altman, E. I.*, „Investigating ...“, S. 213) der die *Ausschöpfende Methode* nicht betrachtet, erhält jedoch für seine Firmenbonitätsstudie annähernd gleiche Ergebnisse für die genannten Verfahren.

6 Bestimmung des Cutoff-Wertes

Dieses Kapitel beschäftigt sich mit der Problematik der Bestimmung eines geeigneten Cutoff-Wertes. Anhand des Cutoff-Wertes wird ein Element bzw. ein Kunde der Gruppe der *guten* oder der *schlechten* Kreditnehmer zugeordnet. Der Erfolg einer Klassifikation hängt folglich nicht nur von der funktionalen Form und den erklärenden Variablen des Modells ab, sondern auch von der Entscheidungsregel und dem damit verbundenen Cutoff-Wert.[192] Generell verwendet man zu Zwecken der Kreditwürdigkeitsprüfung den Cutoff-Wert C:[193]

$$C = \ln \frac{K_{21} p_2}{K_{12} p_1} \, . \tag{6.1}$$

Die Verwendung dieses Quotienten stellt die erste Möglichkeit zur Ermittlung des Cutoff-Wertes dar. Ist die Annahme der Normalverteilung verletzt, liefert dieser Cutoff-Wert allerdings keine optimale Zuordnung.[194] Dies liegt aber nicht am Cutoff-Wert selbst, sondern an der Diskriminanzfunktion, die die Verteilung nicht richtig anpaßt.

Wie aus (6.1) zu ersehen ist, beinhaltet der Cutoff-Wert a priori Wahrscheinlichkeiten und Kosten der Fehlklassifikation, wobei sich die Fehlklassifikationskosten auf eine DM des vergebenen Kredits beziehen sollen. In der Praxis bereitet sowohl die Bestimmung der a priori Wahrscheinlichkeiten als auch der Fehlklassifikationskosten Schwierigkeiten. Im folgenden wird diese Problematik näher erläutert werden.

6.1 A priori Wahrscheinlichkeiten

Die a priori Wahrscheinlichkeiten sollen der Tatsache Rechnung tragen, daß die einzelnen Gruppen in der Grundgesamtheit unterschiedlich häufig vertreten sind.[195] Die Klasse der *schlechten* Kreditnehmer wird einen wesentlich geringeren Anteil als die der *guten* Kreditnehmer ausmachen. Fahrmeir und Hamerle schätzen den Anteil insol-

---

192 *Clarke, D. G., McDonald, J. B.*, „Generalized ...“, S. 51.

193 Vgl. Formel (1.7), S. 9, wobei der Cutoff-Wert dort in nicht logarithmierter Form vorliegt.

194 *Altman, E. I.*, „Corporate ...“, S. 254.

195 *Eisenbeis, R. A.*, „Problems ...“, S. 214; *Eisenbeis, R. A.*, „Pitfalls ...“, S. 889.

venter Kunden auf ca. 3-7 %.[196] Viele Studien haben dagegen die a priori Wahrscheinlichkeiten entgegen den tatsächlichen Gegebenheiten einfach als gleich betrachtet.[197] Läßt man die Fehlklassifikationskosten zunächst noch einmal außer acht, führt diese Annahme nach Formel (6.1) zu einem Cutoff-Wert von Null.[198] Die Berücksichtigung der *wahren* a priori Wahrscheinlichkeiten bewirkt bei Nichtbeachtung der Kosten eine Verschiebung des Cutoff-Wertes nach links, was zur Akzeptanz von zusätzlichen Krediten führt.

Da man die *wahren* a priori Wahrscheinlichkeiten in der Gesamtpopulation nicht kennt, versucht man häufig, diese aus der Stichprobe zu schätzen. Dies ist aber nur dann möglich, wenn die Stichprobe zufällig aus der Gesamtpopulation[199] gezogen worden ist.[200] Ist dies nicht der Fall, so werden nur die Fehlklassifikationswahrscheinlichkeiten innerhalb der Stichprobe minimiert. Da die Fehlklassifikationswahrscheinlichkeiten der nicht zufälligen Stichprobe auf die Gesamtpopulation nicht übertragbar sind, läßt sich über die Fehlklassifikationswahrscheinlichkeiten in der Population wenig sagen. Benutzt man also unabhängige Schätzer für die a priori Wahrscheinlichkeiten, dann hat man zwar das Problem der zufälligen Stichprobe umgangen, das Problem der Repräsentativität der Stichprobe gegenüber der Gesamtpopulation bleibt jedoch bestehen.[201] Auf die Problematik der Schätzung der a priori Wahrscheinlichkeiten wird in Kapitel acht näher eingegangen.

6.2 Kosten der Fehlklassifikation

Die Bayes-Regel aus Formel (1.2) hat die Minimierung der Fehlklassifikationswahrscheinlichkeiten zum Ziel, wobei Fehlklassifikationen gleich stark bewertet werden, gleichgültig aus welcher Klasse das Objekt stammt und welcher Klasse es zugeordnet

---

196 *Fahrmeir, L., Hamerle, A.*, „Multivariate ...“, S. 312.

197 Vgl. *Eisenbeis, R. A.*, „Problems ...“, S. 214; *Eisenbeis, R. A.*, „Pitfalls ...“, S. 889.

198 *Altman, E. I., Eisenbeis, R. A., Avery, R. B., Sinkey, J. F.*, „ Application ...“, S. 150.

199 Schätzer für a priori Wahrscheinlichkeiten kann man nur aus der Gesamtstichprobe erhalten, die Schätzung der a priori Wahrscheinlichkeiten aus getrennten Stichproben für jede Gruppe ist nicht möglich (siehe S. 13).

200 Sinkey verwendete in seiner Studie keine zufälligen Stichproben. Er stellte den untersuchten gefährdeten Banken jeweils ausgewählte Pendants aus den gesunden Banken gegenüber. Jeder gefährdeten Bank wurde ein gesunde Bank gegenübergestellt, die ungefähr die gleiche Größe, die gleichen regionalen Gegebenheiten usw. aufwies.

201 *Altman, E. I., Eisenbeis, R. A., Avery, R. B., Sinkey, J. F.*, „ Application ...“, S. 151.

wird.[202] Die Kosten, die mit der Vergabe eines Kredits an einen *schlechten* Kreditnehmer verbunden sind, sind jedoch wesentlich höher als die Kosten, die durch die Verweigerung eines Kredits gegenüber einem *guten* Kunden entstehen. Möchte man nun zusätzlich berücksichtigen, daß manche Irrtümer schwerwiegender und vor allem kostenintensiver sind, kann man dies über die Berücksichtigung von Fehlklassifikationskosten tun. Gewährt man einem *schlechten* Kreditnehmer irrtümlicherweise einen Kredit, so ist mit recht hohen Kosten K_{21} zu rechnen. Diese müssen bei der Bestimmung des Cutoff-Wertes Berücksichtigung finden. Die a priori Wahrscheinlichkeit der insolventen Kunden p_2 wird folglich mit den Fehlklassifikationskosten K_{21} gewichtet. Dasselbe gilt auch für die *guten* Kreditnehmer. Bei Verweigerung eines Kredits gegenüber solventen Kunden entstehen der Bank Opportunitätskosten (K_{12}). Auch dieser entgangene Gewinn findet im Cutoff-Wert aus (6.1) Berücksichtigung und gewichtet die a priori Wahrscheinlichkeit der *guten* Kreditnehmer p_1. Im folgenden sollen die Bestandteile der Kosten K_{12} und K_{21} erläutert werden.

6.2.1 Bestimmung der Kosten durch irrtümliche Verweigerung eines *guten* Kredits

Verweigert ein Kreditinstitut einem solventen Kreditnehmer ein Darlehen, so entstehen dem Kreditinstitut Opportunitätskosten. Diese sind in entgangenen Zinsgewinnen zu sehen. Die Opportunitätskosten sind jedoch mit dem Gewinn aus einem *guten* Kredit nicht identisch, sondern niedriger. Dies liegt daran, daß die Bank das dem Kunden verweigerte Geld beispielsweise als Tagesgeld im Interbankenverkehr fast risikofrei anlegen kann und die so erhaltenen Zinsgewinne in Abzug gebracht werden müssen. Altman beziffert diese Opportunitätskosten auf ca. 2% bzw. 0,02 DM pro DM.[203]

Unberücksichtigt bleiben hier nicht direkt meßbare Schäden, die beispielsweise Folge der Verärgerung des Kunden über die Verweigerung eines Kredits sein können. Der Kunde kündigt möglicherweise die Bankverbindung und wird vielleicht nie wieder bei dieser Bank nach einem Kredit fragen. Durch diese Reaktionen gehen den Kreditinstituten Einnahmequellen verloren und es entstehen weitere Opportunitätskosten.[204]

---

202 *Fahrmeir, L., Hamerle, A.*, „Multivariate ...", S. 306.
203 *Altman, E. I.*, „Corporate ...", S. 263.
204 *Altman, E. I.*, „Corporate ...", S. 262.

6.2.2 Bestimmung der Kosten durch irrtümliche Annahme eines *schlechten* Kredits

Die Kosten K_{21}, die durch Kreditvergabe an insolvente Kreditnehmer entstehen, bestimmen sich durch den zusätzlichen Verwaltungsaufwand, durch Zinsverluste infolge verspäteter oder nicht erfolgter Zahlungen und dem eventuellen totalen oder teilweisen Ausfall des Kredits.[205] Der Verwaltungsaufwand enthält u.a. Mahnkosten und Zwangsversteigerungskosten.[206] Altman macht darauf aufmerksam, daß regelmäßig nicht der ganze Kredit ausfallen wird. Meistens ist ein Teil bereits vorher getilgt worden bzw. kann ein weiterer Teil von den Banken noch eingezogen werden. Diese wiedererlangten Beträge sind vom Kreditbetrag in Abzug zu bringen.[207] Altman schätzt die durchschnittliche Ausfallquote dementsprechend im Privatkundengeschäft auf ca. 62,3%, wobei ca. 16,5% vor Ausfall zurückgezahlt wurden und ca. 21,2% nach dem Ausfall noch beigetrieben werden konnten.[208] Interessant ist auch die Abhängigkeit der wiedererlangten Werte von der Höhe des Darlehens. Prinzipiell kann man sagen, daß mit steigendem Kreditbetrag ein geringeres Risiko verbunden ist. Wie aus Tabelle 5 ersichtlich, ist die Verlustquote bis zu einer Darlehenshöhe von ca. $ 100.000[209] nahezu konstant, sinkt dann aber mit zunehmendem Kreditbetrag beträchtlich.[210]

Darlehenshöhe (in 1000 $)	vor Ausfall zurückgezahlter Anteil	nach Ausfall beigetriebener Anteil	Σ	Verlustquote
0-10	8,9%	23,5%	32,4%	67,6%
10-50	12,3%	23,2%	35,5%	64,5%
50-100	11,7%	22,8%	34,5%	65,5%
100-200	24,1%	20,7%	44,8%	55,2%
200-1000	37,8%	11,4%	49,2%	50,8%
> 1000	45,3%	10,7%	56%	44%

Tabelle 5: Durchschnittliche Verlustquote in Abhängigkeit von der Darlehenshöhe[211]

205 Vgl. auch *Harter, T. R.*, „Measuring Risk ...“ , S. 71 ff..

206 Zusätzlich müßten allgemeine Bearbeitungskosten für die Kreditvergabe, die von Klassifikationsfehlern unabhängig sind, berücksichtigt werden, d.h. auch bei richtiger Klassifikation wären die Kosten nicht Null ($K_{gg} \neq 0$). Dies soll hier jedoch vernachlässigt werden.

207 *Altman, E. I.*, „Corporate ...“, S. 257 f..

208 *Altman, E. I.*, „Corporate ...“, S. 259.

209 Die Werte sollen nicht auf DM umgerechnet werden, um die Ergebnisse nicht zu verfälschen. Streng genommen sind die Ergebnisse von Banken aus den USA nicht auf Deutschland anwendbar; tendenziell werden sie aber übereinstimmen.

210 *Altman, E. I.*, „Corporate ...“, S. 261.

211 Vgl. *Altman, E. I.*, „Corporate ...“, S. 261.

Problematisch ist, daß die Kosten für einen *schlechten* Kredit nicht individuell bestimmbar sind. Da die Höhe der Kosten, die mit einem Darlehen verbunden sind, u.a. von den vorhandenen Sicherheiten und - wie eben erläutert - von der Höhe des Darlehens abhängt[212], wäre es wünschenswert, eine Kostenfunktion zu definieren, die das individuelle Risiko eines Kredits in Abhängigkeit von speziellen Merkmalen tendenziell bestimmen kann. Dies hat sich jedoch als sehr schwierig erwiesen.[213] Zur annähernd genauen Bestimmung stellt man auf den durchschnittlich ausgefallenen Anteil, die Verwaltungskosten und die Zinsverluste ab. Der Cutoff-Wert läßt sich dann gemäß Formel (6.1) ermitteln.

6.2.3 Cutoff-Wert Bestimmung in der praktischen Anwendung

Sinkey[214] sowie Joy und Toleffson[215] betonen die Notwendigkeit der Betrachtung von a priori Wahrscheinlichkeiten und Fehlklassifikationskosten, um gültige Aussagen treffen zu können. Deren Ausführungen zu diesem Thema sind allerdings allgemeiner Natur, denn keiner der genannten Autoren hat selbst versucht, die a priori Wahrscheinlichkeiten oder Fehlklassifikationskosten genauer zu schätzen. Altman dagegen liefert einen Cutoff-Wert, den er unter Berücksichtigung von a priori Wahrscheinlichkeiten und Fehlklassifikationskosten ermittelte.[216]

Der Cutoff-Wert spielt auch bei einer Änderung der Firmenpolitik eine wichtige Rolle. Ziele wie z.B. Marktausweitung können mit einer Anpassung des Cutoff-Wertes nach unten relativ einfach umgesetzt werden, ohne das zuständige Personal umfassend einweisen zu müssen. Möchte man eine restriktive Politik betreiben, weil beispielsweise nicht genügend Liquiditätsreserven vorhanden sind, berichtigt man den Cutoff-Wert einfach nach oben. Auch auf veränderte wirtschaftliche Gegebenheiten kann mit Hilfe des Cutoff-Wertes einfach und schnell reagiert werden. Kündigt sich beispielsweise ein Boom an, so kann durch eine Korrektur des Cutoff-Wertes nach unten berücksichtigt werden, daß die a priori Wahrscheinlichkeit für *schlechte* Kreditnehmer gesunken ist. Entsprechendes gilt für den umgekehrten Fall der Rezession.[217]

---

212 *Altman, E. I., Eisenbeis, R. A., Avery, R. B., Sinkey, J. F.*, „ Application ...“, S. 151.
213 *Fahrmeir, L., Hamerle, A.*, „Multivariate ...“, S. 307.
214 *Sinkey, J. F., Jr.*, „A Multivariate ...“, S. 35.
215 *Joy, O. M., Toleffson, J. O.*, „On the Financial ...“, S. 733 ff..
216 *Altman, E. I.*, „Corporate ...“, S. 263.
217 *Altman, E. I.*, „Corporate ...“, S. 264.

Viele Autoren ermitteln den optimalen Cutoff-Wert indirekt, indem sie ihn empirisch bestimmen.[218] Dieses Vorgehen stellt die zweite Methode dar. Mittels Variation des Cutoff-Wertes werden dann die individuellen Fehlklassifikationswahrscheinlichkeiten und damit die minimalen Kosten bestimmt.[219] Myers und Forgy haben in ihrer Studie die Beziehung zwischen der Reduktion der Fehlklassifikationswahrscheinlichkeit bei insolventen Kunden und der daraus resultierenden höheren Fehlerrate bei den *guten* Kunden durch Variation des Cutoff-Wertes untersucht.[220] Ist das Kostenverhältnis bekannt, kann hieraus auch der optimale Cutoff-Wert abgeleitet werden. Auch Clarke und McDonald wandten diese empirische Methode an.[221]

Da die Kosten der irrtümlichen Annahme eines *schlechten* Kredits weitaus höher sind, als die Opportunitätskosten bei *guten* Kunden, andererseits Gruppenumfänge sich i.w. umgekehrt verhalten, trifft man in der Praxis häufig auch auf die vereinfachende Annahme:[222]

$$K_{gh} = \begin{cases} 0 & \text{für} \quad g = h \\ K / p_g & \text{für} \quad g \neq h \end{cases} \qquad \text{für } g,h, = 1,2.$$

Obige Gleichung kann als dritte Methode bezeichnet werden, obwohl sie nur eine Vereinfachung der ersten darstellt. Die Fehlklassifikationskosten verhalten sich antiproportional zu den Gruppenumfängen. Somit reduziert sich der kostenoptimale Cutoff-Wert aus (6.1) auf den Wert Null.[223] Dieser Argumentation folgen auch Dince und Fortson, die sich auf subjektive Kostenschätzer stützen, die auf einer Umfrage unter Kreditsachbearbeitern basieren.[224]

---

218 Diese Methode führt nicht zu einem anderen Ergebnis wie die direkte Methode, veranschaulicht aber Änderungen des Fehlklassifikationswahrscheinlichkeiten und damit Änderungen des Gewinns bei alternativen Cutoff-Werten.

219 *Chatterjee und Barcun* („A Nonparametric ...“, S. 152 f.) betrachteten eine vereinfachte Form dieses Ansatzes. Auch *Hettenhouse und Wentworth* („A New Look ...“, S. 31) sowie *Rosenberg und Gleit* („Quantitative Methods ...“, S. 592) stellten ähnliche Beziehungen zwischen Fehlklassifikationen von *guten* und *schlechten* Kreditnehmer auf, die zur Bestimmung eines optimalen Cutoff-Wertes benutzt werden könnten.

220 *Myers, J. H., Forgy, E. W.*, „The development ...“, S. 806.

221 *Clarke, D. G., McDonald, J. B.*, „Generalized ...“, S. 59.

222 *Häußler, W. M.*, „Empirische Ergebnisse ...“, S. B 193.

223 Wie bei der Anwendung von Fishers Klassifikationsregel bei Nichtbeachtung der Fehlklassifikationskosten.

224 *Dince, R. R., Fortson, J. C.*, „The Use ...“, S. 54 ff..

Es gibt somit drei Möglichkeiten zur Ermittlung des Cutoff-Wertes, die meistens zu unterschiedlichen Ergebnissen führen werden. Je nach Präferenz des Kreditinstitutes ist ein dieser drei zu wählen. Ist man an einer vereinfachten Bearbeitung interessiert, so wird man den Cutoff-Wert auf Null setzen. Legt man jedoch auf theoretisches oder empirisches Vorgehen viel Wert, so wird man Methode eins bzw. zwei wählen.

7 Schätzung der Klassifikationsfehlerraten

Zur Beurteilung der Qualität der Diskriminanzfunktionen und Klassifikationsregeln können u.a. die Klassifikationsfehlerraten herangezogen werden. In diesem Kapitel sollen verschiedene Techniken zur Schätzung von Klassifikationsfehlerraten dargestellt werden. Die Verfahren können in zwei Gruppen unterteilt werden. Die erste Gruppe ist dadurch charakterisiert, daß sie eine Stichprobe zur Schätzung der Klassifikationsfehlerraten verwendet. Hier spricht man von empirischen Verfahren. Die zweite Gruppe nutzt zur Schätzung der Fehlerraten die Eigenschaften der Normalverteilung. Voraussetzung für letzteres Verfahren ist allerdings das Vorliegen einer multivariaten Normalverteilung mit klassenweise identischen Kovarianzmatrizen. Im folgenden sollen aus jeder Gruppe einige Verfahren beschrieben werden. Um einen Maßstab für die Qualitätsbeuteilung des Diskriminanzmodells festzulegen, wird dieses abschließend mit der Qualität eines Zufallsmodells verglichen.

7.1 Empirische Verfahren

Die empirischen Verfahren setzen eine multivariate Normalverteilung der Variablen nicht voraus und können deshalb als verteilungsfrei bezeichnet werden. In diesem Zusammenhang sind vor allem die *R*-, die *Hold-out* und die *Jackknife-Methode* zu nennen.

R-Methode

Zunächst soll auf die älteste Methode zur Bestimmung der Klassifikationsfehlerraten eingegangen werden, die 1947 von Smith vorgeschlagen wurde.[225] Sie wird allgemein als *Resubstitutionsmethode* (*R-Methode*) bezeichnet, da die Daten, die zur Bestimmung der Diskriminanzfunktion bzw. Klassifikationsregel benutzt wurden, auch zur Schätzung der Fehlerraten herangezogen werden. Bei Anwendung der Klassifikationsregel auf neue Datensätze werden die *wahren* Fehlerraten jedoch systematisch unterschätzt.[226] Dies liegt daran, daß die entwickelten Klassifikationsregeln optimal auf die zugrundeliegenden Daten zugeschnitten sind. Werden sie auf einen neuen Datensatz

---

225 *Smith, C. A. B.*, „Some Examples ...“, S. 272 ff..

226 *Lachenbruch, P. A.*, „ An Almost ...“, S. 640.

angewandt, ergeben sich in aller Regel höhere Fehlklassifikationswahrscheinlichkeiten. Die mittels der Resubstitutionsmethode geschätzten Fehlerraten können folglich nur als vorsichtige Schätzer angesehen werden, was im besonderen für kleine Stichproben gilt.[227] [228]

Lane[229] sowie Eisenbeis, G. Gilbert und Avery[230] wandten ausschließlich die *R-Methode* an. Viele andere Autoren dagegen betrachteten die Klassifikationsergebnisse dieser Methode nur als Vergleichswert zu anderen Verfahren, so z. B. Altman[231], Sinkey[232] sowie Pinches und Mingo[233].

Hold-out-Methode

Ein zweites empirisches Verfahren ist die *Hold-out-Methode*. Hier wird die Stichprobe in zwei Teile getrennt. Der eine Teil dient zur Erstellung der Diskriminanzfunktion und wird als Lernstichprobe bezeichnet. Der andere Teil wird als Teststichprobe (*Hold-out*) zur Qualitätsbeurteilung der Diskriminanzfunktion herangezogen. Dazu werden die Elemente der Teststichprobe über die aus der Lernstichprobe geschätzte Diskriminanzfunktion klassifiziert und der Anteil der Fehlklassifikationen berechnet.[234] Anschließend werden Lern- und Teststichprobe wieder zur Gesamtstichprobe zusammengefaßt. Die Diskriminanzfunktion wird nun erneut -allerdings mit der Gesamtstichprobe- bestimmt.[235]

Mit der *Hold-out-Methode* sind drei Probleme verbunden. Erstens ist ein großer Stichprobenumfang nötig, um mit diesem Verfahren gute Ergebnisse erzielen zu können. Dies ist aber nicht immer gegeben. Zweitens ist die ausgewertete Diskriminanzfunktion, die nur auf der Teststichprobe basiert, nicht diejenige, die anschließend benutzt wird. Vielmehr verwendet man die mittels der Gesamtstichprobe berechnete Diskriminanzfunktion. Drittens ergeben sich Probleme mit der Größe der Teststichprobe.

227 *Lachenbruch, P. A.*, „ An Almost ...“, S. 640.
228 Trotzdem ist die R-Methode asymptotisch optimal.
229 *Lane, S.*, „Submarginal ...“, S. 1382.
230 *Eisenbeis, R. A., Gilbert, G. G., Avery, R. B.*, „Investigating ...“, S. 213.
231 *Altman, E. I.*, „Corporate ...“, S. 215.
232 *Sinkey, J. F., Jr.*, „A Multivariate ...“, S. 31 f..
233 *Pinches, G. E., Mingo, K. A.*, „A Multivariate ...“, S. 10.
234 *Fahrmeir, L., Hamerle, A.*, „Multivariate ...“, S. 314.
235 *Joy, M. O., Toleffson, J. O.*, „On the Financial ...“, S. 728, *Lachenbruch, P. A., Mickey, M. R.*, „Estimation ...“, S. 2.

Wird ein zu großer Teil auf die Teststichprobe verwandt, so erhält man zwar eine gute Einschätzung der Qualität der Diskriminanzfunktion, die aber aufgrund der kleinen Lernstichprobe in der Regel mangelhaft sein wird. Ist dagegen die Lernstichprobe zu groß, so kann man mit einer guten Diskriminanzfunktion rechnen, die allerdings aufgrund der kleinen Teststichprobe nicht richtig beurteilt werden kann.[236]

Unter anderen wandten Altman[237], Pinches und Mingo[238] sowie Myers und Forgy[239] diese Methode an.

Jackknife-Methode

Ein drittes verteilungsfreies Verfahren zur Bestimmung der Klassifikationsfehlerraten ist die sogenannte *Jackknife-Methode*. Sie nutzt wie die *Resubstitutionsmethode* alle Beobachtungen der Stichprobe und weist dabei kaum Verzerrungen in den Ergebnissen auf. Das Verfahren läuft folgendermaßen ab: Nachdem aus der Stichprobe ein Element entfernt worden ist, wird mit der Stichprobe der Größe $n_1 + n_2 - 1$ die Diskriminanzfunktion geschätzt. Das ausgeschlossene Element wird nun mittels dieser Funktion klassifiziert. Diese Prozedur wird für jedes Element durchgeführt. Abschließend wird die Anzahl der falsch klassifizierten Elemente gezählt und zum Gesamtstichprobenumfang $n_1 + n_2$ in Beziehung gesetzt.[240]

Lachenbruch stellte die Anwendung dieses Verfahrens auf die lineare Diskriminanzfunktion dar und bezeichnete sie als *U-Methode*.[241] Diese Methode ist jedoch sehr aufwendig, da sie die Invertierung von $n_1 + n_2$ Matrizen erfordert.[242] Durch geschickte Umformungen[243] ist es jedoch möglich, die zu invertierenden Matrizen auf eine einzige zu reduzieren.[244] Die Anwendung der *Jackknife-Methode* auf die quadratische Dis-

236 *Lachenbruch, P. A., Mickey, M. R.*, „Estimation ...", S. 2 f..
237 *Altman, E. I.*, „Corporate ...", S. 215.
238 *Pinches, G. E., Mingo, K. A.*, „A Multivariate ...", S. 10 f..
239 *Myers, J. H., Forgy, E. W.*, „The Development ...", S. 801, 804 ff..
240 *Fahrmeir, L. Hamerle, A.*, „Multivariate ...", S. 314.
241 *Lachenbruch, P. A.*, „Estimation of Error Rates in Discriminant Analysis", Ph. D. dissertation, 1965, University of California at Los Angeles.
242 *Lachenbruch, P. A., Mickey, M. R.*, „Estimation ...", S. 4 f..
243 *Bartlett, M. S.*, „An Inverse Matrix ...", S. 107.
244 *Lachenbruch, P. A., Mickey, M. R.*, „Estimation ...", S. 4.

kriminanzfunktion wurde von Fukunaga und Kessel vorgestellt,[245] von der Sinkey[246] und Altman[247] in ihren Studien Gebrauch machten.

7.2 Verfahren, die Normalverteilung voraussetzen

Die in diesem Unterabschnitt vorgestellten Verfahren setzen sowohl multivariate Normalverteilungen als auch identische Kovarianzmatrizen ($\Sigma_1=\Sigma_2$) voraus, weshalb die Verfahren nur auf lineare Diskriminanzfunktionen angewendet werden können. Durch die Annahme der multivariaten Normalverteilung der Variablen lassen sich die Fehlklassifikationswahrscheinlichkeiten wie in 1.4.1 bestimmen. Der Einfachheit halber soll der Cutoff-Wert C gleich Null betrachtet werden. Es gilt dementsprechend:

$$\varepsilon_{12} = \varepsilon_{21} = \Phi\left(-\frac{\delta}{2}\right). \tag{7.1}$$

Ziel dieses Unterabschnittes ist es, die Fehlklassifikationswahrscheinlichkeiten ε_{12} und ε_{21}, die nur von der Mahalanobis-Distanz δ^2 abhängen, möglichst präzise zu schätzen. Da die Mahalanobis-Distanz in der Regel unbekannt sein wird, muß sie empirisch ermittelt werden. Mithin werden sechs verschiedene Verfahren zur Schätzung von δ^2 kurz vorgestellt.

D-Methode

Bei der *D-Methode* wird die Mahalanobis-Distanz δ^2 aus (7.1) durch den konsistenten Schätzer $D^2 = (\bar{\mathbf{x}}_1 - \bar{\mathbf{x}}_2)' \mathbf{S}^{-1}(\bar{\mathbf{x}}_1 - \bar{\mathbf{x}}_2)$ ersetzt. Es gilt dementsprechend: $\hat{\varepsilon}_{12} = \hat{\varepsilon}_{21} = \Phi(-D/2)$. Ist die Anzahl der Freiheitsgrade sehr groß, d.h. ist der Stichprobenumfang $n_1 + n_2$ im Verhältnis zur Variablenanzahl p sehr groß, liefert $\hat{\varepsilon}_{12}$ bzw. $\hat{\varepsilon}_{21}$ einen recht guter Schätzer für ε_{12} bzw. ε_{21}. Ist die Anzahl der Freiheitsgrade dagegen klein, können die Schätzer $\hat{\varepsilon}_{12}$ und $\hat{\varepsilon}_{21}$ stark verzerrt sein.

245 *Fukunaga, K., Kessel, D*, „Estimation ...“, S. 1522 f..
246 *Sinkey, J. F. Jr.*, „A Multivariate ...“, S. 31 f..
247 *Altman. E. I.*, „Corporate ...“, S. 215 ff..

D^{*2}-Methode

Wenn die Anzahl der Freiheitsgrade klein ist, sollte man einen unverzerrten Schätzer für δ^2 verwenden. Die *D^{*2}-Methode* trägt diesem Fall Rechnung, indem sie folgenden Schätzer verwendet:[248]

$$D^{*2} = \frac{(n_1 + n_2 - 3 - p)}{(n_1 + n_2 - 2)} D^2 - \frac{p(n_1 + n_2)}{n_1 n_2} \tag{7.2}$$

Die geschätzten konsistenten Fehlerraten berechnen sich aus $\hat{\varepsilon}_{12} = \hat{\varepsilon}_{21} = \Phi(-D^{*2}/2)$. Der Schätzer D^{*2} hat allerdings einen gravierenden Nachteil: Wenn der Stichprobenumfang n_1+n_2 relativ klein im Verhältnis zu p und auch D^2 nicht besonders groß ist, kann D^{*2} negativ werden. Bei dieser Konstellation ist D^{*2} unbrauchbar. Gerade für kleine Stichproben wurde D^{*2} aber konstruiert. Daher ist die Nützlichkeit von D^{*2} eingeschränkt.

DS-Methode

Um zu vermeiden, daß der Schätzer für D^2 negativ wird, ist man dazu übergegangen, den Term $p(n_1+n_2)/n_1n_2$ aus obiger Gleichung (7.2) wegzulassen. Dieses Verfahren nennt man *DS-Methode*.

$$DS = \frac{(n_1 + n_2 - 3 - p)}{(n_1 + n_2 - 2)} D^2 \tag{7.3}$$

Die Fehlerraten und ε_{12} und ε_{21} werden dann durch $\hat{\varepsilon}_{12} = \hat{\varepsilon}_{21} = \Phi(-DS/2)$ geschätzt.[249] Der Schätzer ist konsistent, leicht verzerrt und neigt dazu, die *wahre* Fehlerrate etwas zu unterschätzen.[250]

O-Methode

Die *O-Methode* geht auf Okamoto zurück.[251] Das Ziel Okamotos war es, die unbedingte Verteilung der Stichprobendiskriminanzfunktion $\widehat{\mathrm{LDF}}(\mathbf{x})$ zu approximieren, die

248 *Altman, E. I., Avery, R. B., Eisenbeis, R. A., Sinkey, J. F.*, „Application ...", S. 155.
249 *Lachenbruch, P. A., Mickey, M. R.*, „Estimation ...", S. 4.
250 *Eisenbeis, R. A.*, „ Pitfalls ...", S. 894.
251 *Okamoto, M.*, „An Asymtotic ...", S. 1286.

im Gegensatz zur bedingten Verteilung der Stichprobendiskriminanzfunktion $\hat{L}DF(\mathbf{x})$[252] nicht normalverteilt ist.[253] Hiermit haben sich u.a. auch Wald[254], Sitgreaves[255], Anderson[256] und Kabe[257] befaßt. Mit Hilfe des Verfahrens von Okamoto können die Schätzer $\hat{\varepsilon}_{12}$ und $\hat{\varepsilon}_{21}$ separat geschätzt werden. Dadurch erhält man für ε_{12} und ε_{21} unterschiedliche Schätzer, was bei der *D*, D^{*2} und der *DS-Methode* nicht möglich ist.[258] Die Fehlerraten berechnen sich dementsprechend: $\hat{\varepsilon}_{12} = \Phi(-D^*/2)$ + eine Erweiterung von Okamoto, ausgedrückt in Parametern von Gruppe 1, $\hat{\varepsilon}_{21} = \Phi(-D^*/2)$ + eine Erweiterung von Okamoto ausgedrückt in Parametern der Gruppe 2.[259]

OS-Methode

Sie ist identisch mit der *O-Methode*, wobei allerdings D^{*2} durch DS^2 ersetzt wird.

$\bar{U}$ – *Methode*

Die $\bar{U}$ – *Methode* kombiniert Eigenschaften der empirischen Methoden mit den Vorteilen der Normalverteilung. Die Fehlerraten, die auch wieder separat geschätzt werden, berechnen sich folgendermaßen: $\varepsilon_{12} = \Phi(\bar{D}_1/s_1)$ und $\varepsilon_{21} = \Phi(\bar{D}_2/s_2)$, wobei $\bar{D}_g^2$ den Mittelwert aller Mahalanobis-Distanzen D_k^2, die beim Auslassen der einzelnen Elemente der g-ten Gruppe durch die *U-Methode* ermittelt wurden, darstellt.[260] Die geschätzte Varianz der D_k^2 wird in jeder Gruppe durch s_g beschrieben.

---

252 Die Stichprobendiskriminanzfunktion LDF(**x**) ist unter der Bedingung gegebener $\bar{x}_1$, $\bar{x}_2$ und S normalverteilt.

253 *Lachenbruch, P. A.*, „Discriminant Anlysis", 1975, S. 14.

254 *Wald, A.* „On a Statistical ...", 1944, S. 145.

255 *Sitegreaves, R.*, „ On the Distribution ...", S.263.

256 *Anderson, T. W.*, „Classification ...", S. 31.

257 *Kabe, D. G.*, „Some Results ...", 1963, S. 181.

258 Siehe auch Formel (6.1).

259 Vgl. *Eisenbeis, R. A.*, „Pitfalls ...", S. 895.

260 *Lachenbruch, P. A., Mickey, M. R.*, „Estimation ...", S. 5, *Eisenbeis. R. A.*, „Pitfalls ...", S. 894.

7.3 Bewertung der Methoden

Lachenbruch und Mickey haben die *R-*, *U-*, *D-*, *DS-*, *O-*, *OS-* und die $\overline{U}$ *– Methode* miteinander verglichen und bewertet.[261] Die *Hold-out-Methode* wurde von den Autoren nicht untersucht, da sie ihrer Ansicht nach zu viele Nachteile und einen zu hohen Datenverbrauch aufweist. Außerdem erachteten die Autoren sie als der *U-Methode* unterlegen.[262] Auch Cochran[263] und Scott[264] teilten diese Ansicht. Grundlage für die Bewertung waren normalverteilte Daten.

Lachenbruch und Mickey stellten vereinfachend folgende Rangfolge der Methoden auf:

OS $\bar{U}$ O DS U D R ,

wobei die unterstrichenen Methoden auf dem 5% Niveau keine signifikanten Unterschiede aufweisen. Die Qualität der Verfahren nimmt von links nach rechts ab.

Allgemein kann gesagt werden, daß die *OS-* der *O-Methode* und die *DS-* der *D-Methode* vorzuziehen ist. Weiterhin konnte festgestellt werden, daß die *R-Methode* immer schlechter als alle anderen Methoden zu sein schien. Wenn D^2 oder n_1 und n_2 klein sind, ergeben sich bei der *OS-* und der *O-Methode* Schwierigkeiten mit der Bestimmung der Erweiterung von Okamoto. Daher ist die Methode in solchen Situationen nicht empfehlenswert, insbesondere wenn $D^2<1$ ist.[265] Cochran teilt diese Ansicht allerdings nicht. Er ist der Auffassung, daß die *OS-* und die *DS-Methode* besser seien als von Lachenbruch und Mickey dargestellt.[266] Für eine geringe Variablenanzahl liefern alle Methoden ungefähr gleiche Ergebnisse. Nimmt die Variablenanzahl p jedoch zu, so erweisen sich die *OS-*, die $\overline{U}$ – und die *U-Methode* den anderen klar überlegen.[267] Die in Tabelle 6 dargestellten Ergebnisse von Cochran, die die Rangfolge der genannten Methoden bei verschiedenen Kombinationen aus Stichprobengröße und Variablenanzahl aufzeigen, illustrieren dies.

---

261 *Lachenbruch, P. A., Mickey, M. R.*, „Estimation ...", S. 1 ff..

262 *Lachenbruch, P. A., Mickey, M. R.*, „Estimation ...", S. 2, 5, 9; *Joy and Toleffson* , „On the Financial...", halten dagegen viel von der *Hold-out-Methode*.

263 *Cochran, W. G.*, „Commentary ...", S. 204.

264 *Scott, E.* „On the Financial ...", S. 202.

265 *Lachenbruch, P. A., Mickey, M. R.*, „Estimation ...", S. 10.

266 *Cochran, W. G.*, „Commentary on ...", S. 205.

267 *Lachenbruch, P. A., Mickey, M. R.*, „Estimation ...", S. 8.

p = 20 $n_1+n_2-p-1 \leq 25$	p = 20 $n_1+n_2-p-1>25$	p = 8 $n_1+n_2-p-1 \leq 20$	p = 8 $n_1+n_2-p-1>20$
OS	OS	OS	OS
$\bar{U}$	U	DS	DS
U	$\bar{U}$	U, O, $\bar{U}$	$\bar{U}$, O
DS, O	DS	D	U
D	O	R	D
R	R		R
	D		

Tabelle 6: Rangfolge der Methoden bei unterschiedlichen Kombinationen aus Stichprobengröße und Variablenanzahl[268]

In den ersten drei in Tabelle 6 dargestellten Fällen, rangieren die *OS*-, die $\bar{U}$ – und die *U-Methode* auf den ersten drei Plätzen.

Die genannten Resultate beziehen sich dabei nur auf multivariat normalverteilte Variablen mit gleichen Kovarianzmatrizen. Ist diese Annahme verletzt, sollten die Verfahren, die auf der Normalverteilung basieren, nicht mehr angewandt werden. Sie führen zu verzerrten Ergebnissen.[269] In diesem Fall empfiehlt sich dann die Anwendung verteilungsfreier Verfahren, da die Konstruktion von Integralen bei nicht normalverteilten Variablen sehr schwierig ist. Erschwerend kommt noch hinzu, daß die Verteilung der Variablen meistens unbekannt ist, sofern sie nicht normalverteilt sind. Die *R-Methode* sollte allerdings nach Meinung von Fukunaga und Kessel nicht angewandt werden, da sie viel zu optimistische Ergebnisse liefert. Die Autoren empfehlen deshalb die *Jackknife-Methode*.[270]

7.4 Effizienz der Diskriminanzanalyse

Um die Güte des Diskriminanzmodells, die sich in den Klassifikationsfehlerraten ausdrückt, beurteilen zu können, müssen Vergleiche zu anderen Modellen angestellt werden. Ein Mindeststandard, der auf jeden Fall eingehalten bzw. überschritten werden muß, ist durch die Qualität der Zufallsmodelle vorgegeben.[271] Meistens wird hier das

---

268 *Cochran, W. G.*, „Commentary on ...", S. 205.
269 *Lachenbruch, P. A.*, „Discriminant Analysis", 1975, S. 36.
270 *Fukunaga, K., Kessel, D.*, „Estimation ...", S. 1524 f..
271 *Frank, R. E., Massy, W. F., Morrison, D. G.*, „Bias in Multiple Analysis", S. 250; *Joy, O. M., Toleffson, J. O.*, „On the Financial ...", S. 731.

Proportional-Chance oder das *Maximum-Chance* Modell gewählt. Ersteres ordnet die Elemente gemäß den a priori Wahrscheinlichkeiten den einzelnen Gruppen zufällig zu. Dagegen ordnet das *Maximum-Chance* Modell alle Objekte der Gruppe zu, die die größere a priori Wahrscheinlichkeit besitzt.[272] Die sich bei den diskriminanzanalytischen Verfahren ergebenden Fehlklassifikationsraten werden dann mittels eines t-Tests daraufhin untersucht, ob zu den Fehlerraten der Zufallsmodelle eine signifikante Abweichung besteht.[273]

Innerhalb der Kreditwürdigkeitsprüfung ergibt sich hier eine besondere Schwierigkeit. Die *guten* Kreditnehmer machen in der Regel ca. 93-97% aller Kreditnehmer aus, *schlechte* Kreditnehmer somit nur ungefähr 3-7%.[274] Das *Proportional-Chance* Modell erreicht so eine Quote von 86,98 - 94,18% [275] an richtig klassifizierten Elementen. Das *Maximum-Chance* Modell klassifiziert dagegen 93 - 97% der Kreditnehmer richtig. Die Hypothese, daß die diskriminanzanalytischen Verfahren signifikante Verbesserungen dieser Wahrscheinlichkeiten liefern, ist nun relativ schwer abzulehnen, besonders wenn kleine Stichproben vorliegen.[276] Joy und Toleffson vergleichen das diskriminanzanalytische Modell mit dem *Proportional-Chance* Modell, was aber in diesem Zusammenhang wenig Sinn macht, da das *Maximum-Chance* Modell immer die besseren Ergebnisse liefert und deshalb Vergleichsgrundlage für eine Entscheidung sein sollte.[277]

Kennt man allerdings das Verhältnis der Kosten K_{12}/K_{21}, dann ist es wieder leichter zu zeigen, daß die diskriminanzanalytischen Regeln signifikante Verbesserungen liefern. Die Kosten für die diskriminanzanalytischen Verfahren K_{DA} können folgendermaßen definiert werden:

$$K_{DA} = p_1 K_{12} \varepsilon_{12} + p_2 K_{21} \varepsilon_{21} .$$

---

272 *Joy, O. M., Toleffson, J. O.*, „On the Financial ...“, S. 732.

273 *Joy, O. M., Toleffson, J. O.*, „On the Financial ...“, S. 735, Fußnote 17.

274 *Fahrmeir, L., Hamerle, A.*, „Multivariate ...“, S. 312.

275 Siehe *Morrison, D. G.*, „ On the Interpretation ...“, S. 156 ff. zur Berechnung der Werte, $0{,}03^2 + 0{,}97^2 = 1 - 0{,}97 \cdot 0{,}03 \cdot 2 = 0{,}9418$ und $0{,}07^2 + 0{,}93^2 = 1 - 0{,}93 \cdot 0{,}07 \cdot 2 = 0{,}8698$.

276 Erreicht man eine Quote an richtig klassifizierten Kreditnehmern die höher als die Quote der Zufallsmodelle ist, aber keine signifikante Abweichung darstellt, dann kann man nur versuchen, den Stichprobenumfang und damit die Freiheitsgrade der t-Verteilung derart zu erhöhen, daß die Abweichung signifikant wird. Ob dieses Vorgehen allerdings in sinnvoll ist, ist fraglich.

277 *Joy, O. M., Toleffson, J. O.*, „On the Financial ...“, S. 734; siehe Anhang IV, S. 91 f..

Für das *Proportional-Chance* Modell ergibt sich folgender Zusammenhang:

$$K_{prop} = K_{12}\, p_1 p_2 + K_{21}\, p_2 p_1 = (K_{12} + K_{21}) p_1 p_2 ,$$

wobei K_{prop} die mit dem *Proportional-Chance* Modell verbundenen Kosten darstellt. Schließlich gilt für das *Maximum-Chance* Modell:

$$K_{max} = K_{21}\, p_2 \qquad \text{für } p_2 < p_1 .$$

Die Kosten, die aus diesem Modell resultieren, werden mit K_{max} bezeichnet. Durch die Berücksichtigung der Kosten ist das *Maximum-Chance* Modell dem *Proportional Modell* nicht mehr in jedem Fall überlegen. Bei Ungleichheit der Kosten zu Lasten von K_{21} tritt vielmehr das Gegenteil ein. In der Kreditwürdigkeitsprüfung ist regelmäßig ein solches Ungleichgewicht gegeben, da die Kosten K_{21}, die aus der Gewährung eines Kredits an einen insolventen Kreditnehmer resultieren, sehr viel höher als die Opportunitätskosten K_{12} sind, die durch Verweigerung eines Kredits gegenüber einem *guten* Kunden entstehen. Aus diesem Grund ist das *Proportional-Chance* Modell die geeignete Vergleichsgrundlage. Bei Berücksichtigung der Kosten liefern die diskriminanzanalytischen Verfahren grundsätzlich signifikant bessere Ergebnisse als die auf dem Zufall basierenden Verfahren.[278] Dies liegt daran, daß auch eventuell höhere Gesamtfehlklassifikationswahrscheinlichkeiten, wenn sie durch die Fehlklassifikation *guter* Kreditnehmer bedingt sind, kostenoptimal sein können. Eine höhere Fehlerrate bei den *guten* Kunden hat eine niedrigere Fehlerrate bei den insolventen Kreditnehmern zur Folge.[279] Durch das starke Ungleichgewicht der Kosten fällt nun die etwas höhere Fehlerrate bei den *guten* Kunden nicht so sehr ins Gewicht, dagegen aber die kostenintensive Fehlerrate bei den *schlechten* Kunden um so mehr. Folglich kann auch eine höhere Gesamtfehlklassifikationswahrscheinlichkeit weniger Kosten verursachen als eine niedrigere. Dies verdeutlicht auch die Wichtigkeit der Wahl eines kostenoptimalen Cutoff-Wertes.

---

278 Vgl. *Altman, E. I., Eisenbeis, R. A.*, „Financial Applications ...“, S. 194.

279 *Myers, J. H., Forgy, E. W.*, „The development ...“, S. 806; *Hettenhouse, G. W., Wentworth, J. R.*, „A New Look ...“, S. 31; *Rosenberg, E., Gleit, A.,*. „Quantitative Methods ...“, S. 592.

8 Selektive Stichprobe

Die Definition der *guten* und *schlechten* Kreditnehmer bezieht sich auf die Gesamtpopulation, wohingegen die Daten, die zur Erstellung der Kredit-Scoring Modelle herangezogen werden, nur auf einem Teil der Gesamtpopulation beruhen. Diesen Teil bilden die vom Kreditinstitut akzeptierten Kreditnehmer. Die der Bank zur Verfügung stehenden Daten ihrer Kreditnehmer unterliegen somit der schwerwiegenden Beschränkung der selektiven Auswahl, da die Kreditnehmer nicht zufällig, sondern nach bestimmten Kriterien ausgewählt wurden. Daher kann die Stichprobe, die nur aus akzeptierten Kunden besteht, nicht als repräsentativ für die Gesamtpopulation betrachtet werden. Streng genommen hieße das, daß die aus selektiven Stichproben entwickelten Modelle nicht auf die Gesamtpopulation angewendet werden dürften. Dementsprechend dürfen die Kredit-Scoring-Modelle, die typischerweise aus Daten akzeptierter Kreditnehmer entwickelt werden, nicht zur Bonitätsbeurteilung neuer Kreditantragsteller, sondern lediglich zur internen Betriebskontrolle verwandt werden. Nutzt man sie trotzdem zur Kreditwürdigkeitsprüfung, ist mit Ergebnisverzerrungen zu rechnen. Viele Autoren haben dieses Problem zwar erkannt, sind aber in ihren Studien nicht näher darauf eingegangen.[280]

Thema dieses Kapitels sind die auftretenden Ergebnisverzerrungen, wenn lineare Diskriminanzmodelle, die aus ausgewählten Kreditnehmern entwickelt wurden, auf *neue* Antragsteller angewendet werden. Im folgenden wird die gruppenweise multivariate Normalverteilung der Grundgesamtheit vorausgesetzt und die daraus resultierende Verteilung der selektiven Stichprobe betrachtet.

8.1 Verteilung der selektiven Stichprobe

In diesem Unterabschnitt wird die Verteilung der Merkmale innerhalb der selektiven Stichprobe beschrieben. Ziel ist die Klärung der Frage, wie die Verteilung der selekti-

---

280 *Joy, O. M., Toleffson, J. O.*, „On the Financial ...“, S. 725; *Weibel, P. F.*, „Die Bonitätsbeurteilung ...“, S. 40 f.; *Häußler, W. M.*, „Empirische ...“, S. B 198 f.; *Rosenberg, E., Gleit, A.*, „Quantitative Methods ...“, S. 596; *Hettenhouse, G. W., Wentworth, J. R.*, „A New ...“, S. 30; *Sexton, D. E., Jr.*, „Determining ...“, S. 237 f.; *Eisenbeis, R. A.*, „Problems ...“, S. 215 f.; *Altman, E. I., Eisenbeis, R. A., Avery, R. B., Sinkey, J. F.*, „ Application ...“, S. 132 f., 195.

ven Stichprobe aussieht, wenn die Population normalverteilt ist. Der Einfachheit halber wird zunächst nur eine Variable x betrachtet, die für die Gruppe der *guten* und *schlechten* Kreditnehmer in der Grundgesamtheit jeweils $N(\mu_1,\sigma_1^2)$ bzw. $N(\mu_2,\sigma_2^2)$ normalverteilt ist. Für die Dichtefunktion $f_1(x)$ der Gruppe der *guten* Kreditnehmer gilt daher:

$$f_1(x) = \frac{1}{\sqrt{2\pi}\sigma_1} \exp\left\{-\frac{1}{2\sigma_1^2}(x-\mu_1)^2\right\}, \tag{8.1}$$

wobei μ_1 den Mittelwert und σ_1^2 die Varianz der Variablen x in der Gruppe der *guten* Kreditnehmer darstellt. Für die Dichtefunktion der *schlechten* Kreditnehmer gilt entsprechendes.

Nimmt man an, daß das Kreditinstitut nur Antragsteller akzeptiert, die einen x-Wert aufweisen, der größer oder gleich dem festgelegten Cutoff-Wert C_0 ist, d.h. $x \geq C_0$, so erhält man eine selektive und keine zufällige Stichprobe der Gesamtpopulation. Die Verteilung dieser selektiven Stichprobe kann folgendermaßen beschrieben werden:

$$f_1^*(x) = \frac{f_1(x)}{1-\Phi\left(\frac{C_0-\mu_1}{\sigma_1}\right)} = \frac{f_1(x)}{\Phi\left(\frac{\mu_1-C_0}{\sigma_1}\right)},^{281} \tag{8.2}$$

wobei $\Phi(\bullet)$ die Verteilungsfunktion der Standardnormalverteilung darstellt. Für den erwarteten Mittelwert und die erwartete Varianz der Variablen x in der Gruppe der *guten* akzeptierten Kreditnehmer gilt:

$$E(\bar{x}_1) = \mu_1 + \sigma_1^2 \frac{f_1(C_0)}{1-\Phi((C_0-\mu_1)/\sigma_1)} = \mu_1 + \sigma_1^2 \frac{f_1(C_0)}{\Phi((\mu_1-C_0)/\sigma_1)},^{282} \tag{8.3}$$

$$E(var(\bar{x}_1)) = \sigma_1^2 - \sigma_1^2(\mu_1 - C_0)\frac{f_1(C_0)}{\Phi((\mu_1-C_0)/\sigma_1)} - \sigma_1^4 \frac{f_1(C_0)^2}{\Phi((\mu_1-C_0)/\sigma_1)}, \tag{8.4}$$

wobei $\bar{x}_1$ den Mittelwert und $var(\bar{x}_1)$ die Varianz der Variablen x in der Gruppe der *guten* akzeptierten Kreditnehmer verkörpert.

281 Vgl. *Hausman, J. A., Wise, D. A.*, „Social ...", S. 922 f..
282 Zur Ableitung des Erwartungswertes siehe Anhang V, S. 93 ff..

Für die Gruppe der *schlechten* Kreditnehmer gilt entsprechendes:

$$E(\overline{x}_2) = \mu_2 + \sigma_2^2 \frac{f_2(C_0)}{1-\Phi((C_0-\mu_2)/\sigma_2)} = \mu_2 + \sigma_2^2 \frac{f_2(C_0)}{\Phi((\mu_2-C_0)/\sigma_2)}$$

$$E(var(\overline{x}_2)) = \sigma_2^2 - \sigma_2^2(\mu_2 - C_0)\frac{f_2(C_0)}{\Phi((\mu_2-C_0)/\sigma_2)} - \sigma_2^4 \frac{f_2(C_0)^2}{\Phi((\mu_2-C_0)/\sigma_2)}.$$

8.2 Ergebnisse

Betrachtet man die erwarteten Mittelwerte $E(\overline{x}_1)$, $E(\overline{x}_2)$ und die erwarteten Varianzen $E(var(\overline{x}_1))$, $E(var(\overline{x}_2))$ der Variablen x in beiden Gruppen, so ist es sehr unwahrscheinlich, daß diese konsistente Schätzer für die tatsächlichen Mittelwerte μ_1, μ_2 und Varianzen σ_1^2, σ_2^2 liefern. Weiterhin ist zu erkennen, daß die Gruppe der *guten* sowie die der *schlechten* akzeptierten Kreditnehmer über $\overline{x}_1$ bzw. $\overline{x}_2$ nicht normalverteilt ist. Damit ist eine grundlegende Annahme der Diskriminanzanalyse verletzt. Vergleicht man die Varianzen beider Gruppe in der Grundgesamtheit mit den erwarteten Varianzen beider Gruppen in der selektiven Stichprobe, stellt man fest, daß eine Identität der Varianzen in der Grundgesamtheit nicht unbedingt eine Identität der Stichprobenvarianzen zur Folge hat. Ähnliches kann man auch über die a priori Wahrscheinlichkeiten sagen. Das Verhältnis der a priori Wahrscheinlichkeiten in der selektiven Stichprobe muß dem Verhältnis der *wahren* a priori Wahrscheinlichkeiten in der Population nicht notwendigerweise entsprechen.

Daraus folgt für die Schätzung der Fehlklassifikationswahrscheinlichkeiten, daß diese ebenfalls keine konsistenten Schätzer für die zu erwartenden Fehlerraten bei Anwendung des Modells auf die Gesamtpopulation liefern werden. Weiterhin könnte die selektive Stichprobe suggerieren, daß ungleiche Kovarianzmatrizen und ungleiche a priori Wahrscheinlichkeiten vorliegen, wenngleich dies für die Grundgesamtheit nicht zutrifft. Folglich würde man eine quadratische Klassifikationsregel mit ungleichen Kovarianzmatrizen zur Bonitätsbeurteilung der neuen Kreditsuchenden aufstellen, obwohl in Wirklichkeit eine lineare Regel mit identischen a priori Wahrscheinlichkeiten optimal wäre. Fehlklassifikationen sind dann vorprogrammiert.

Rosenberg, Eisenbeis, Altman und Sinkey legen in Anlehnung an eine Studie von Avery dar, daß es keinen Anhaltspunkt dafür gibt, daß die Verzerrung systematisch ist oder immer in die gleiche Richtung zeigt.[283] Desweiteren habe Avery konsistente Maximum-Likelihood-Schätzer für die Populationsparameter aufgestellt, mit denen man auch konsistente Schätzer für die Fehlklassifikationswahrscheinlichkeiten ermitteln könne.[284]

Um die genannten Effekte der Verzerrung zu beseitigen, könnte eine Bank beschließen, über einen kurzen Zeitraum alle Kredite zu akzeptieren.[285] Dabei kann es dieser Stichprobe aber ebenfalls an zufälligem Charakter mangeln, da sich die Politik der Bank möglicherweise herumgesprochen hat und sie so vielleicht speziell bzw. vermehrt dubiose Kreditnehmer anzieht.[286] Ein weiterer Problemfaktor ist darin zu sehen, daß nicht die gesamte Population einen Kredit nachfragen wird, da einige diese Möglichkeit nicht wahrnehmen wollen.[287] Abschließend ist noch festzustellen, daß bei Kreditinstituten mit sehr hohen Akzeptanzquoten, die aber eher die Ausnahme bilden, die beschriebenen Verzerrungen gering sein werden.[288]

---

283 *Rosenberg, E., Gleit, A.*, „Quantitative ...“, S. 596; *Altman, E. I., Eisenbeis, R. A., Avery, R. B., Sinkey, J. F.*, „ Application ...“, S. 195, *Avery, R. B.*, „Credit Scoring Models with Discriminant Analysis and Truncated Samples“, 1977, unpublished paper.

284 *Eisenbeis, R. A., Avery, R. B., Sinkey, J. F.*, „ Application ...“, S. 195.

285 *Weibel, P. F.*, „Die Bonitätsbeurteilung ...“, S. 40 f..

286 *Altman, E. I., Eisenbeis, R. A., Avery, R. B., Sinkey, J. F.*, „ Application ...“, S. 195.

287 *Rosenberg, E., Gleit, A.*, „Quantitative Methods ...“, S. 596.

288 Vgl. *Altman, E. I., Eisenbeis, R. A., Avery, R. B., Sinkey, J. F.*, „ Application ...“, S. 195.

9 Zeitreihenprobleme

In der Kreditwürdigkeitsprüfung treten Zeitreihenprobleme sehr häufig auf. Sie liegen in der Natur der Kreditwürdigkeitsprüfung. Zum Zeitpunkt der Kreditvergabe weiß in der Regel noch keiner der Beteiligten, ob dieser Kredit einmal notleidend wird, es sei denn es liegen betrügerische Absichten vor. Ziel der Diskriminanzanalyse ist es, ein Ereignis wie z.B. die Insolvenz über eine, zwei oder mehr Perioden vorherzusagen, wobei die Vorhersage auf Daten der Vorperiode oder vergangener Perioden beruht.[289] Dieses Zeitreihenproblem betrifft auch die a posteriori Wahrscheinlichkeiten, also die Wahrscheinlichkeit, daß ein Kreditnehmer mit beobachtetem Merkmalsvektor **x** insolvent wird oder nicht. Innerhalb dieser Thematik gibt es drei größere Themenkomplexe, die im folgenden behandelt werden sollen.

9.1 Auswirkungen auf die a priori Wahrscheinlichkeiten

Das erste Problem betrifft die geeignete Auswahl von a priori Wahrscheinlichkeiten. Wenn die geschätzten a priori Wahrscheinlichkeiten von Periode zu Periode variieren, stellt sich die Frage, welche a priori Wahrscheinlichkeiten im Modell angenommen werden sollen. Unterschiede in den a priori Wahrscheinlichkeiten können u.a. anderem durch Marketingmaßnahmen, so z.B. durch eine Marktausweitung seitens der Bank zustande kommen.[290] Andere Gründe für die Veränderung der a priori Wahrscheinlichkeiten liegen in der volkswirtschaftlichen Entwicklung. In einer Rezession wird die Anzahl der Insolvenzen zunehmen, während sie zu Zeiten eines Booms abnehmen wird. Wenn man also in Zeiten eines Abschwungs einen einfachen Durchschnitt der in den Vorperioden beobachteten a priori Wahrscheinlichkeiten für insolvente Kreditnehmer bildet, tendiert dieser ermittelte Wert dazu, die *wahre* a priori Wahrscheinlichkeit zu unterschätzen.[291]

Ein weiterer Aspekt dieses Problems ergibt sich, wenn Daten aus mehreren Perioden, die unterschiedliche a priori Wahrscheinlichkeiten aufweisen, zusammengefaßt werden, um Vorhersagen über zukünftige Perioden zu machen. Eine solche Zusammenfas-

---

289 *Eisenbeis, R. A.*, „Pitfalls ...“, S. 590.

290 *Häußler, W. M.*, „Empirische Ergebnisse ...“, S. B 193.

291 *Eisenbeis, R. A.*, „Pitfalls ...“, S. 590 ff..

sung wird insbesondere dann vorgenommen, wenn eine Gruppe eine sehr kleine a priori Wahrscheinlichkeit besitzt und so nicht genügend Daten zur Verfügung stehen, um damit vernünftig arbeiten zu können. Dieser Mangel an Daten tritt im Konsumentenkreditgeschäft in der Regel nicht auf, da eine sehr umfangreiche Grundgesamtheit an Krediten vorhanden ist. Da im Firmenkundenkreditgeschäft die Kundenstruktur wesentlich heterogener ist, kann es hier allerdings zu Engpässen in der Stichprobengröße kommen und ein Zusammenfassen von Daten über mehrere Jahre notwendig machen, wie es bei Altman[292] und Pinches und Mingo[293] in ihren Studien über die Bonität von Firmen der Fall war. Altman war sich der Problematik des langen Zeitraumes, über den er die Daten zusammenfaßte bewußt, rechtfertigte dies aber mit annähernd gleichen a priori Wahrscheinlichkeiten der Gruppen in der Population sowie mit Datenmangel.[294] Bei einer derartigen Zusammenfassung von Daten tritt grundsätzlich wieder das Problem auf, daß man nicht weiß, welche a priori Wahrscheinlichkeiten man wählen soll, wenn diese von Periode zu Periode variierren. Die Bestimmung der a priori Wahrscheinlichkeiten sollte sich nach den Zielen der Klassifikation richten. Soll beispielsweise eine Vorhersage über eine zukünftige Periode getroffen werden, ist es sinnvoll, einen durchschnittlichen Wert der relativen Häufigkeiten der Gruppen über mehrere vergangene Perioden zu bilden, um die a priori Wahrscheinlichkeiten zu schätzen.[295] Ist das Ziel dagegen die Vorhersage eines Ereignisses über mehrere Perioden, dann sollten die zur Schätzung der a priori Wahrscheinlichkeiten verwendeten Daten über eine Zeitspanne, die genauso lang ist wie der Vorhersagezeitraum, zusammengefaßt werden.[296]

9.2 Auswirkungen auf die Struktur des Diskriminanzmodells

Das zweite Problem liegt in der Struktur des Diskriminanzmodells. Es handelt sich dabei um ein statisches Modell, das einen Zeitindex nicht explizit berücksichtigt.[297, 298] Die Vorgänge, die dieses Modell aber beschreibt, sind zumeist dynamisch stetiger

292 *Altman, E. I.*, „Financial Ratios ...“, S. 593.
293 *Pinches, G. E., Mingo, K. A.*, „A Multivariate ...“, S. 3.
294 *Altman, E. I.*, „Financial Ratios ...“, S. 593, Fußnote 16.
295 *Eisenbeis, R. A.*, „Pitfalls ...“, S. 892.
296 *Eisenbeis, R. A.*, „Pitfalls ...“, S. 892.
297 *Altman, E. I.*, Eisenbeis, R. A., „Financial Applications ...“, S. 186, Fußnote 1.
298 *Afifi, A., Sacks, S., Liu, V. Y., Weil, M. H., Shubin, H.*, stellen in ihrem Artikel „Accumulative Prognostic ...“, S. 1485 ff., eine Möglichkeit vor, einen Zeitindex über eine Verbindung von Regression und Diskriminanzanlyse zu berücksichtigen.

Natur. Die Beziehung zwischen den relevanten Variablen wie Mittelwert, Varianz und Kovarianz sowie die Bedeutung der einzelnen Variablen können sich folglich im Zeitablauf ändern. Joy und Toleffson erklären, daß der hauptsächliche Wert einer *ex post* Klassifikation in der Ermittlung der Bedeutung der einzelnen Variablen liege.[299] Altman kritisiert dies zurecht, da sich auch die Beziehungen zwischen den einzelnen Variablen ändern, sofern keine Stationarität vorliegt.[300] Die Rangfolge der Variablen, die in der Ausgangsperiode aufgestellt wurde, ist dann für zukünftige Perioden nicht mehr unbedingt gültig. Nur im Fall der Stationariät können derartige Schlüsse über die Rangfolge bzw. Bedeutung der Variablen, wie sie Joy und Toleffson vornehmen, gezogen werden. Die Studie von Sinkey illustriert dieses Problem. Er stellte fest, daß die Variablen *loan-revenue*, *efficiency* und *other expenses* im Jahr 1969 unter den wichtigsten Variablen zu finden waren, im Jahr 1972 schienen dagegen die Variablen *loan-volume* und *loan-quality* die wichtigsten zu sein.[301] Weibel stellt die Veränderung der relativen Bedeutung von acht Variablen für die Kreditwürdigkeitsprüfung über einen Zeitraum von vier Jahren dar. Seine Ergebnisse zeigen starke Veränderungen der Variablengewichtungen im untersuchten Zeitraum. Beispielsweise erkennt er, daß die Variablen *Hauseigentum* und *Bankverbindung* immer bedeutungsloser werden.[302] Daher mißt Weibel der Aktualität der Daten größte Bedeutung zu und fordert deshalb eine periodische Aktualisierung des Gewichtungssystems der Variablen.[303] Auch Long hat dieses Problem erkannt und deshalb eine Studie der Bestimmung des optimalen Aktualisierungsintervalls gewidmet.[304]

9.3 Auswirkungen auf die Klassifikationsfehlerraten

Eine dritte Schwierigkeit ergibt sich bei der Beurteilung der Gültigkeit der geschätzten Klassifikationsfehlerraten über eine oder mehrere Perioden. Viele Autoren verwenden die mit den Daten der Ausgangsperiode ermittelten Fehlklassifikationswahrscheinlichkeiten (*ex post* Klassifikation) für Vorhersagen über zukünftige Fehlklassifikations-

---

299 *Joy, O. M., Toleffson, J. O.*, „On the Financial ...“, S. 728.
300 *Altman, E. I., Eisenbeis, R. A.*, „Financial Applications ...“, S. 187.
301 *Sinkey, J. F., Jr.*, „A Multivariate ...“, S. 31.
302 *Weibel, P. F.*, „Die Bonitätsbeurteilung ...“, S. 38.
303 *Weibel, P. F.*, „Die Bonitätsbeurteilung ...“, S. 37 f.; *Long, M. S.*, „Credit Screening ...“, S. 313 ff..
304 *Long, M. S.*, „Credit Screening ...“, S. 313 ff..

wahrscheinlichkeiten.[305] Auf die Kreditwürdigkeitsprüfung bezogen heißt das, daß die Diskriminanzfunktion, die mittels einer Stichprobe *ex post* aus *alten* Kreditnehmern der Bank erstellt wurde, zur Klassifikation der *neuen* Kreditsuchenden herangezogen wird. Die *ex post* Klassifikationsfehlerraten, die aus der Stichprobe ermittelt wurden, überträgt man auf die *neuen* Kreditnehmer. Joy und Toleffson kritisieren, daß ein diskriminanzanalytisches Modell nur unter der Bedingung der Stationarität der Population für Vorhersagen genutzt werden kann.[306] Ist dies nicht der Fall, sind Vorhersagen für zukünftige Perioden nicht möglich. Die Autoren empfehlen eine intertemporale Validierung (*ex ante* Klassifikation) des Modells, die ihrer Meinung nach für die Vorhersagefähigkeit des Modells entscheidend ist. Sie schlagen vor, auf das Modell, das mit den Daten der Periode t aufgestellt wurde, eine zusätzliche Teststichprobe aus der Periode t+1 bzw. t+2 anzuwenden. Die Gültigkeit des Modells über die Periode t hinaus für die Periode t+1 bzw. t+2 könne so über eine intertemporale Validierung nachgewiesen werden.[307] Pinches und Mingo haben dieses Problem erkannt und eine derartige intertemporale Validierung vorgenommen, indem sie Daten aus dem Jahr 1969 auf das Modell, das mit Daten aus 1967-1968 ermittelt wurde, anwandten.[308] Die Autoren kamen zu dem Ergebnis, daß ihr Modell für Vorhersagen geeignet war.[309] Auch Altman nahm in einer späteren Studie eine intertemporale Validierung seines Modells über fünf Jahre vor.[310] Seine Resultate, die in Tabelle 7 dargestellt sind, zeigen, daß die Klassifikationsfehlerraten mit zunehmender zeitlicher Entfernung schlechter werden. Im Ausgangsjahr beträgt die mit der U-Methode ermittelte Gesamtfehlklassifikationswahrscheinlichkeit noch 9%, im fünften Jahr dagegen schon 23,2%. Dementsprechend kann in diesem Fall über einen Zeitraum von fünf Jahren keineswegs Stationarität unterstellt werden. Das in Periode 1 aufgestellte Modell ist schon in Periode 3 nicht mehr anwendbar. Da sich die Population verändert hat, muß ein neues Modell aufgestellt werden.[311]

---

305 Siehe nur *Altman, E. I.*, „Financial Ratios ...“, S. 593.

306 *Joy, O. M., Toleffson, J. O.*, „On the Financial ...“, S. 726 ff..

307 *Joy, O. M., Toleffson, J. O.*, „On the Financial ...“, S. 726.

308 *Pinches, G. E., Mingo, K. A.*, „A Multivariate ...“, S. 11.

309 *Pinches, G. E., Mingo, K. A.*, „A Multivariate ...“, S. 12.

310 *Altmans* Ausgangstichprobe enthielt 53 bzw. 58 Beobachtungen.

311 *Long, M. S.*, „Credit Screening ...“, S. 313 ff., betont die Notwendigkeit der ständigen Aktualisierung des Modells, um gültige Aussagen zu erhalten.

Jahr der Validierung	Methode zur Ermittlung der Fehlklassifikationswahrscheinlichkeiten	Gesamtfehlklassifikationswahrscheinlichkeit bei Anwendung linearer Regeln[312]
1	(R-Methode)	(7,2%)
1	U-Methode	9%
2	Hold-out	11%
3	Hold-out	16,5%
4	Hold-out	20,2%
5	Hold-out	23,2%

Tabelle 7: Fehlklassifikationswahrscheinlichkeiten bei intertemporaler Validierung über fünf Jahre[313]

Joy und Toleffson erklären weiter, daß bei Vorliegen von Stationarität innerhalb der Population Vorhersagen auch ohne intertemporale Validierung getroffen werden können.[314] Dies leuchtet ein, da in jenem Fall keine Veränderungen innerhalb der Population stattfinden und folglich auch keine Zeitreihenprobleme auftreten. Altman und Eisenbeis sehen im Vergleich zwischen den *ex post* Klassifikationsfehlerraten, die mit Daten der Ausgangsperiode aufgestellt wurden, und den *ex ante* Klassifikationsfehlerraten, die mit Daten anderer zukünftiger Perioden ermittelt wurden, einen groben Test zur Überprüfung der Stationarität der Population.[315] Stimmen die beiden Klassifikationsfehlerraten überein, dann rechtfertigt dies die Vorhersagefähigkeit des Modells sowie die Anwendbarkeit der ursprünglichen Klassifikationsfehlerraten für zukünftige Perioden. Für das Beispiel von Altman, dessen Ergebnisse in Tabelle 7 dargestellt sind, gilt dies nur sehr eingeschränkt. Eventuell könnte man das Modell für Vorhersagen über eine Periode verwenden; für alle folgenden Perioden erweist sich es aber als ungeeignet.

Ein anderer Aspekt dieses Stationaritätsproblems ist mit der Anwendung von Daten, die über mehrere Perioden zusammengefaßt wurden, verbunden. Sollte die Stationaritätsbehauptung nämlich verneint werden, ist eine derartige Bündelung von Daten wie z.B. bei Altman[316], der Daten über einen Zeitraum von zwanzig Jahren zusammen-

---

312 *Altman, E. I.*, „Corporate ...", S. 215, betrachtet zusätzlich die Ergebnisse der quadratischen Klassifikation. Diese liefert jedoch wesentlich schlechtere Ergebnisse. Aus diesem Grund betrachtet Altman im folgenden nur noch die Ergebnisse der linearen Klassifikation (S. 217).

313 Vgl. *Altman, E. I.*, „Corporate ...", S. 215.

314 *Joy, O. M., Toleffson, J. O.*, „On the Financial ...", S. 727, Fußnote 5.

315 *Altman, E. I., Eisenbeis, R. A.*, „Financial Applications ...", S. 187.

316 *Altman, E. I.*, „Financial Ratios ...", S. 593.

faßte, nicht durchführbar. Altman rechtfertigt dieses Vorgehen mit einer annähernd gleichen Verteilung der Insolvenzen in der Gesamtpopulation[317]. Auch hier könnte ein Vergleich der *ex post* und *ex ante* Klassifikation zur Beurteilung des Vorgehens nützlich sein.

[317] *Altman, E. I.*, „Financial Ratios ...“, S. 593, Fußnote 16.

Schlußbetrachtung

Nachdem nun einige Probleme, die mit der Anwendung der Diskriminanzanalyse in der Kreditwürdigkeitsprüfung verbunden sind, untersucht wurden, sollen in diesem Kapitel die Abhängigkeiten und Wechselwirkungen der einzelnen kritischen Annahmen noch einmal aufgenommen werden. Die angesprochenen Probleme werden in einen Gesamtzusammenhang gestellt und in eine Rangfolge gebracht.

Nach Ansicht von Eisenbeis bestehen die größten Schwierigkeiten, die mit der Anwendbarkeit der Diskriminanzanalyse auf die Kreditwürdigkeitsprüfung verbunden sind, in der Schätzung der geeigneten a priori Wahrscheinlichkeiten. Entsprechen nämlich die angenommenen bzw. aus der Stichprobe geschätzten a priori Wahrscheinlichkeiten nicht den *wahren*, werden nur die Fehlklassifikationswahrscheinlichkeiten bzw. -kosten innerhalb der Stichprobe minimiert. Schlußfolgerungen über die Fehlklassifikationswahrscheinlichkeiten bzw. -kosten bei Anwendung des Modells auf die Population sind dementsprechend nicht möglich.[318]

Die Schwierigkeiten der Schätzung der a priori Wahrscheinlichkeiten sind sowohl mit der Problematik der selektiven Stichprobe als auch mit der Zeitreihenproblematik verbunden. Beides sind Probleme, die nur schwierig zu handhaben sind. Wie in Kapitel acht gezeigt worden ist, sind die aus der Stichprobe erhältlichen Schätzer für die a priori Wahrscheinlichkeiten nicht konsistent und somit auch nicht repräsentativ für die Population. Avery stellte eine Methode vor, mit der man konsistente ML-Schätzer für die Populationsparameter und die a priori Wahrscheinlichkeiten erhalten kann.[319] Inwieweit diese Schätzer jedoch aufgrund ihres approximativen Charakters brauchbar sind, bedarf weiterer Untersuchungen. Da die Population in der Regel ständigen Veränderungen unterliegt, können sich auch die a priori Wahrscheinlichkeiten im Zeitablauf ändern. Dies führt ebenfalls dazu, daß sich die Repräsentativität des Modells für die Grundgesamtheit verschlechtert.

Selektive Stichproben haben auch noch andere unerwünschte Nebeneffekte. So kann z.B. die Hypothese der Gleichheit der Kovarianzmatrizen für die Stichprobe abgelehnt

---

318 *Eisenbeis, R. A.*, „Pitfalls ...", S. 896.

319 Vgl. *Altman, E. I., Eisenbeis, R. A., Avery, R. B., Sinkey, J. F.*, „ Application ...", S. 195.

werden, obwohl die Kovarianzmatrizen in der Population identisch sind. Dies führt hinsichtlich der Wahl der geeigneten Klassifikationsregeln zum für Eisenbeis zweitgrößten Problem der Diskriminanzananlyse.[320] Liegen gleiche Kovarianzmatrizen vor, sollten lineare Klassifikationsregeln benutzt werden. Liegen dagegen ungleiche Kovarianzmatrizen vor, ist in den meisten Fällen die Anwendung quadratischer Regeln angebracht. Da man aber die *wahre* Gestalt der Kovarianzmatrizen nicht kennt, könnte dies zu einem größeren Problem werden.

An dritter Stelle stehen für Eisenbeis die Probleme rund um die Schätzung der Klassifikationsfehlerraten.[321] Alle vorgestellten Schätzmethoden weisen mehr oder weniger starke Verzerrungen auf, die nur durch Berücksichtigung der *wahren* Parameter der Verteilung zu beseitigen wären. Die *wahren* Parameter sind regelmäßig jedoch unbekannt. Folglich ist immer mit Verzerrungen der Schätzungen zu rechnen. Auch auf dieses Gebiet hat die Problematik der selektiven Stichprobe Auswirkungen. Rosenberg berichtet, daß Avery gezeigt hat, daß die Richtung der Verzerrung der Fehlklassifikationswahrscheinlichkeiten nicht feststellbar sei.[322]

Anderen Schwierigkeiten, die im Zusammenhang mit der Verletzung der Normalverteilungsannahme und Variablenselektion bzw. Dimensionsreduktion verbunden sind, ist ebenfalls erhebliche Bedeutung beizumessen.[323]

Stellt man mittels eines Tests auf multivariate Normalverteilung fest, daß die Normalverteilungsannahme verletzt ist, wird man mit der Suche einer geeigneteren Verteilung konfrontiert. Clarke und McDonald schlagen hier die flexiblere EGB2-Familie vor.[324] Da die QDF die Normalverteilung der Daten voraussetzt, ist grundsätzlich die Fisher'sche LDF die sinnvollere Alternative, da sie aus einem heuristischen aber vernünftigen Kriterium abgeleitet werden kann und gegenüber derartigen Verletzungen robuster ist als die QDF. Weiterhin muß man aber bedenken, daß mit der Ablehnung der Normalverteilungsannahme sämtliche Signifikanztests Verzerrungen unterliegen. Die Auswahl einer geeigneten Variablenkombination auf multivariater Ebene mit Hilfe von Raos Test unterliegt ebenfalls diesen Verzerrungen. Die *wahre* optimale Varia-

---

320 *Eisenbeis, R. A.*, „Pitfalls ...“, S. 896.
321 *Eisenbeis, R. A.*, „Pitfalls ...“, S. 896.
322 *Rosenberg, E., Gleit, A.*, „Quantitative ...“, S. 596.
323 *Eisenbeis, R. A.*, „Pitfalls ...“, S. 896.
324 *Clarke, D. G., McDonald, J. B.*, „Generalized ...“, S. 47 f..

blenkombination kann so folglich nicht ermittelt werden. Auch der Test auf Gleichheit der Mittelwerte kann so zu falschen Schlußfolgerungen führen. Im allgemeinen kann gesagt werden, daß Hotellings T^2 relativ robust gegenüber Verletzungen der Normalverteilungsannahme ist.

Die Schwierigkeiten, die sich im Zusammenhang mit Zeitreihen ergeben, hat Eisenbeis in seiner Rangfolge nicht berücksichtigt. Diesem Themenkomplex ist jedoch ebenfalls große Bedeutung beizumessen, da er Auswirkungen auf die a priori Wahrscheinlichkeiten, die Klassifikationsfehlerraten und die Relevanz einzelner Variablen hat. Eine Aktualisierung des Modells in regelmäßigen Abständen ist daher notwendig, um die Gültigkeit des Modells und damit die Überlegenheit gegenüber Zufallsmodellen aufrechtzuerhalten. Auch dieser Themenkomplex bedarf weiterer Untersuchungen, da kaum Modelle dynamischen Charakters vorliegen.

Abschließend soll noch erwähnt werden, daß die diskriminanzanalytischen Modelle zur Bonitätsbeurteilung den Sachbearbeiter nicht ersetzen können.[325] Sie sollen ihm lediglich als Hilfestellung dienen, um das Tagesgeschäft schneller und effektiver abwickeln zu können.

---

325 *Sinkey, J. F., Jr.*, „A Multivariate ...“, S. 34; *Altman, E. I.*, „Corporate ...“, S. 265; *Hettenhouse, G. W., Wentworth, J. R.*, „A New ...“, S. 27 f..

Anhang

I. Ableitung der Bayes-Regel aus der Minimierung der Gesamtfehlklassifikationswahrscheinlichkeit[326]

Ziel ist die Minimierung der Gesamtfehlklassifikationswahrscheinlichkeit ε:

$$\varepsilon = p_1 \varepsilon_{12} + p_2 \varepsilon_{21} \quad ^{327} \tag{A.1}$$

$$\begin{aligned} \varepsilon &= p_1 \int_{R_2} f_1(x)dx + p_2 \int_{R_1} f_2(x)dx \quad ^{328} \\ &= p_1 \left[1 - \int_{R_1} f_1(x)dx \right] + p_2 \int_{R_1} f_2(x)dx \\ &= p_1 + \int_{R_1} [p_2 f_2(x) - p_1 f_1(x)] dx. \end{aligned} \tag{A.2}$$

Soll nun ε minimiert werden, so muß R_1 so gewählt werden, daß $p_2 f_2(\mathbf{x}) - p_1 f_1(\mathbf{x}) < 0$ für alle Elemente in R_1 ist. Daraus läßt sich die Bayes-Klassifikationsregel

$$\frac{f_1(\mathbf{x})}{f_2(\mathbf{x})} \geq \frac{p_2}{p_1}$$

ableiten.

---

326 *Lachenbruch, P. A.*, „Discriminant Analysis“, S. 10 f..

327 Siehe S. 6, 16.

328 Siehe S. 16.

II. Test auf Gleichheit der Gruppenmittelwerte für zwei Gruppen bei ungleichen Kovarianzmatrizen

Identische Stichprobenumfänge

Anderson präsentierte einen exakten Test für den Fall ungleicher Kovarianzmatrizen bei gleichen Stichprobengrößen ($n_1 = n_2 = n$). Die Teststatistik lautet:[329]

$$\frac{n-p-1}{p(n-1)} T_n^2 \sim F(p, n-p-1), \qquad \text{(A.3)}$$

$$\text{wobei } T_n^2 = n(\bar{\mathbf{x}}_1 - \bar{\mathbf{x}}_2)' \mathbf{S}_n^{-1} (\bar{\mathbf{x}}_1 - \bar{\mathbf{x}}_2). \qquad \text{(A.4)}$$

$$\mathbf{S}_n = \frac{1}{n-1} \sum_{k=1}^{n} (\mathbf{x}_{1k} - \mathbf{x}_{2k} - \bar{\mathbf{x}}_1 + \bar{\mathbf{x}}_2)(\mathbf{x}_{1k} - \mathbf{x}_{2k} - \bar{\mathbf{x}}_1 + \bar{\mathbf{x}}_2)'. \qquad \text{(A.5)}$$

Ungleiche Stichprobenumfänge

Für den Fall ungleicher Stichprobengrößen (z.B. $n_1 < n_2$) lieferte Anderson die folgende approximative Teststatistik:[330]

$$\frac{n_1-p-1}{p(n_1-1)} T_{n_1}^2 \sim F(p, n_1-p-1), \qquad \text{(A.6)}$$

$$\text{wobei } T_{n_1}^2 = n_1(\bar{x}_1 - \bar{x}_2)' S_{n_1}^{-1} (\bar{x}_1 - \bar{x}_2) \qquad \text{(A.7)}$$

$$\mathbf{S}_{n_1} = \frac{1}{n_1-1} \sum_{k=1}^{n_1} \left[\mathbf{x}_{1k} - \bar{\mathbf{x}}_1 - \left(\frac{n_1}{n_2}\right)^{1/2} \left(\mathbf{x}_{2k} - \frac{1}{n_1} \sum_{l=1}^{n_1} \mathbf{x}_{2l} \right) \right] \cdot \left[\mathbf{x}_{1k} - \bar{\mathbf{x}}_1 - \left(\frac{n_1}{n_2}\right)^{1/2} \left(\mathbf{x}_{2k} - \frac{1}{n_1} \sum_{l=1}^{n_1} \mathbf{x}_{2l} \right) \right] \qquad \text{(A.8)}$$

---

329 *Anderson, T. W.*, „An Introduction ...", S. 119.

330 *Anderson, T. W.*, „An Introduction ...", S. 119.

III. Bedeutung der Korrelation für die Diskriminanzanalyse

Für unabhängige Variablen setzt sich die geschätzte Mahalanobis-Distanz D^2 der beiden Gruppen aus der Summe der einzelnen Mahalanobis-Distanzen für jede Variable zusammen. Es gilt:

$$D^2 = \sum_{i=1}^{p} D_i^2 . \qquad \text{(A.9)}$$

Sind die Variablen dagegen korreliert, so berechnet sich die Mahalanobis-Distanz D^2 folgendermaßen:

$$D^2 = (\bar{x}_1 - \bar{x}_2)' S^{-1} (\bar{x}_1 - \bar{x}_2).$$ [331]

Cochran[332] untersuchte die Beiträge der einzelnen Variablen zu D^2 für den Fall, daß Korrelation zwischen den Variablen vorlag. Er kam zu folgenden Ergebnissen:

1. Wenn die Korrelation zwischen den auf univariater Basis schlecht trennenden Variablen untereinander positiv und auch die Korrelation zwischen den auf univariater Basis schlecht und gut trennenden Variablen ebenfalls positiv ist, dann ist der Gesamtbeitrag der Variablen zur Trennung geringer als im unabhängigen Fall.
2. Sind diese Korrelationen negativ, so ist der Gesamtbeitrag der auf univariater Basis schlecht trennenden Variablen größer als im Fall der Unabhängigkeit. Positive Korrelationen können auch hilfreich sein, jedoch müssen sie dann sehr hoch sein, jedoch nicht so hoch, daß die Kovarianzmatrix nicht mehr invertierbar ist.

4. Jede Variable, die eine negative Korrelation zu einer gut trennenden Variable aufweist, ist für die Trennung hilfreich.
5. Wenn man $\sum_{i=1}^{p} D_i^2$ als Entscheidungskriterium benutzt, um Variablen aus- oder einzuschließen, ist es unwahrscheinlich einen sehr großen Fehler zu begehen, da die meisten Korrelationen bei praktischen Problemen klein und positiv sein werden.

---

331 *Cochran, W. G.*, „On the Performance ...", S. 181 ff..

332 *Cochran, W. G.*, „On the Performance ...", S. 185 f..

Cochran wertete auch verschiedene Studien daraufhin aus, welchen Fehler man begehen würde, falls die Unabhängigkeit der Variablen bzw. eine gleiche durchschnittliche Korrelation anstatt individueller Korrelationen aller Variablen vorausgesetzt wird. Auch die Studie von Durand, die die Trennung von *guten* und *schlechten* Kreditnehmern zum Ziel hatte, wurde ausgewertet. Dabei zeigte sich, daß es fast keinen Unterschied machte, ob die Variablen als unabhängig betrachtet wurden oder nicht. Jedes der auf drei Ebenen ausgewählten Variablenselektionsverfahren führte zu der gleichen Fehlklassifkationswahrscheinlichkeit von 37%. Dies liegt an der in der Praxis häufig auftretenden positiven Korrelation der Variablen. Variablen wie Einkommen, Beschäftigungsdauer beim jetzigen Arbeitgeber, Wohnung usw. sind in der Regel positiv korreliert.

IV. Vergleich der Maximum-Chance Methode mit der Proportional-Chance Methode

Für die Fehlklassifikationswahrscheinlichkeit der *Maximum-Chance* Methode gilt:

$$\varepsilon_{max} = \min\{p_g , p_h\}. \quad (A.10)$$

Für die die Fehlklassifikationswahrscheinlichkeit des *Proportional-Chance* Methode gilt:

$$\varepsilon_{prop} = (p_g)^2 + (p_h)^2. \quad (A.11)$$

Im Zwei-Gruppen-Fall gilt:

$$p_1 + p_2 = 1. \quad (A.12)$$

Es lassen sich nun folgende Beziehungen aufstellen, wobei $p_2 < p_1$ sein soll:

$$\begin{aligned} \varepsilon_{prop} &= (1-p_2)^2 + (p_2)^2 = p_2^2 + 1 - 2p_2 + p_2^2 \\ &= 2p_2^2 - 2p_2 + 1 \end{aligned} \quad (A.13)$$

$$\varepsilon_{max} = p_2. \quad (A.14)$$

Es läßt sich zeigen, daß ε_{max} immer kleiner als ε_{Prop} ist:

$$\begin{aligned} \varepsilon_{max} &< \varepsilon_{prop} \\ p_2 &< 2p_2^2 - 2p_2 + 1 \\ 0 &< 2p_2^2 - 3p_2 + 1 \end{aligned} \quad (A.15)$$

gilt für $p_2 > 1$ oder $p_2 < \frac{1}{2}$. ($p_2 > 1$ ist keine zulässige Lösung.)

Da p_2 nach Voraussetzung kleiner als p_1 war, ist die Gleichung (A.15) immer erfüllt. Wenn nur die a priori Wahrscheinlichkeiten der Gruppen betrachtet werden, liefert die *Maximum-Chance* Methode kleinere Fehlklassifikationswahrscheinlichkeiten als die *Proportional-Chance* Methode. Wenn beide a priori Wahrscheinlichkeiten gleich groß sind, d.h. $p_1 = p_2 = ½$, dann weisen beide Methoden eine Fehlklassifikationswahrscheinlichkeit von ½ auf.

V. Bestimmung des Erwartungswertes in der selektivten Stichprobe

Für die Dichtefunktion der Gruppe der *guten* Kreditnehmer $f_1^*(x)$ in der selektiven Stichprobe gilt:

$$f_1^*(x) = \frac{f_1(x)}{\int_{C_0}^{\infty} f_1(x)dx}, \tag{A.16}$$

wobei $f_1(x)$ die Dichtefunktion der Gruppe der *guten* Kreditnehmer in der Grundgesamtheit ist. Für die Grundgesamtheit wird eine $N(\mu_1,\sigma_1^2)$-Verteilung unterstellt.

Für den Erwartungswert $E(\bar{x}_1)$ gilt:

$$E(\bar{x}_1) = \int_{C_0}^{\infty} f_1^*(x)\cdot x dx = \int_{C_0}^{\infty} \frac{f_1(x)\cdot x}{\int_{C_0}^{\infty} f_1(x)dx} dx \tag{A.17}$$

$$= \frac{1}{1-\Psi_1(C_0)} \int_{C_0}^{\infty} f_1(x)\cdot x dx, \tag{A.18}$$

wobei $\Psi_1(C_0)$ den Wert der Verteilungsfunktion der Normalverteilung der Gruppe der *guten* Kreditnehmer an der Stelle C_0 darstellt.

Im folgenden wird die Bestimmung des Integrals $\int_{C_0}^{\infty} f_1(x)\cdot x dx$ dargestellt.

$$\int_{C_0}^{\infty} f_1(x)\cdot x dx = \int_{C_0}^{\infty} x \cdot \frac{1}{\sqrt{2\pi}\sigma_1} \exp\left\{-\frac{1}{2\sigma_1^2}(x-\mu_1)^2\right\} dx. \tag{A.19}$$

Die Stammfunktion zu dem Term auf der rechten Seite der Gleichung (A.19) innerhalb des Integrals wurde durch Ausprobieren gefunden. Es gilt dann:

$$\int_{C_0}^{\infty} f_1(x)\cdot x dx = \left[-\sigma_1^2 \cdot \frac{1}{\sigma_1\sqrt{2\pi}} \exp\left\{-\frac{1}{2\sigma_1^2}(x-\mu_1)^2\right\} + \mu_1 \int_{-\infty}^{x} \frac{1}{\sigma_1\sqrt{2\pi}} \exp\left\{-\frac{1}{2\sigma_1^2}(t-\mu_1)^2\right\} dt\right]_{C_0}^{\infty} \tag{A.20}$$

$$\int_{C_0}^{\infty} f_1(x)\cdot x dx = \left[-\sigma_1^2 f_1(x) + \mu_1 \Psi_1(x)\right]_{C_0}^{\infty} \tag{A.21}$$

$$\int_{C_0}^{\infty} f_1(x)\cdot x dx = [0+\mu_1] - \left[-\sigma_1^2 f_1(C_0) + \mu_1 \Psi_1(C_0)\right] = \mu_1 + \sigma_1^2 f_1(C_0) - \mu_1 \Psi_1(C_0). \tag{A.22}$$

Setzt man nun diesen Ausdruck in (A.18) ein, so erhält man für den Erwartungswert $E(\overline{x}_1)$:

$$E(\overline{x}_1) = \frac{1}{1-\Psi_1(C_0)}\left(\sigma_1^2 f_1(C_0) + \mu_1(1-\Psi_1(C_0))\right) \tag{A.23}$$

$$E(\overline{x}_1) = \frac{(1-\Psi_1(C_0))\mu_1}{1-\Psi_1(C_0)} + \sigma_1^2 \frac{f_1(C_0)}{1-\Psi_1(C_0)}. \tag{A.24}$$

Der Erwartungswert $E(\overline{x}_1)$ lautet folglich:

$$E(\overline{x}_1) = \mu_1 + \sigma_1^2 \frac{f_1(C_0)}{1-\Psi_1(C_0)}. \tag{A.25}$$

Um $\Psi_1(C_0)$ leichter bestimmen zu können, standardisiert man C_0 und erhält folgenden Ausdruck:

$$E(\overline{x}_1) = \mu_1 + \sigma_1^2 \frac{f_1(C_0)}{1-\Phi\left((C_0-\mu_1)/\sigma_1\right)} \tag{A.26.}$$

bzw.

$$E(\overline{x}_1) = \mu_1 + \sigma_1^2 \frac{f_1(C_0)}{\Phi\left((\mu_1-C_0)/\sigma_1\right)}. \tag{A.27.}$$

Dieser Ausdruck für den Erwartungswert $E(\bar{x}_1)$ (A.12) ist in Kapitel acht verwendet worden. Die erwartete Varianz $E(\mathrm{var}(\bar{x}_1))$ läßt sich ähnlich bestimmen, dies soll hier aber nicht vorgeführt werden.

Um zu beweisen, daß (A.5) die richtige Stammfunktion enthält, soll sie abgeleitet werden:

$$\frac{d}{dx}\left[-\sigma_1^2 \cdot \frac{1}{\sigma_1\sqrt{2\pi}} \exp\left\{-\frac{1}{2\sigma_1^2}(x-\mu_1)^2\right\} + \mu_1 \int_{-\infty}^{x} \frac{1}{\sigma_1\sqrt{2\pi}} \exp\left\{-\frac{1}{2\sigma_1^2}(t-\mu_1)^2\right\} dt\right]$$

$$= \left[-\sigma_1^2 \cdot \frac{1}{\sigma_1\sqrt{2\pi}} \exp\left\{-\frac{1}{2\sigma_1^2}(x-\mu_1)^2\right\}\right](-1)\left(\frac{x-\mu_1}{\sigma_1^2}\right) + \mu_1 \frac{1}{\sigma_1\sqrt{2\pi}} \exp\left\{-\frac{1}{2\sigma_1^2}(x-\mu_1)^2\right\}$$

$$= x \cdot \frac{1}{\sigma_1\sqrt{2\pi}} \exp\left\{-\frac{1}{2\sigma_1^2}(x-\mu_1)^2\right\} - \mu_1 \cdot \frac{1}{\sigma_1\sqrt{2\pi}} \exp\left\{-\frac{1}{2\sigma_1^2}(x-\mu_1)^2\right\} + \mu_1 \frac{1}{\sigma_1\sqrt{2\pi}} \exp\left\{-\frac{1}{2\sigma_1^2}(x-\mu_1)^2\right\}$$

$$= x \cdot \frac{1}{\sigma_1\sqrt{2\pi}} \exp\left\{-\frac{1}{2\sigma_1^2}(x-\mu_1)^2\right\}$$

$$= x \cdot f_1(x).$$

Das Ergebnis zeigt, daß die Stammfunktion richtig gewählt worden ist.

Literaturverzeichnis

Afifi, A., Sacks, S., Liu, V. Y., Weil, M. H., Shubin, H., „Accumulative Prognostic Index for Patients with Barbiturate, Glutethimide and Meprobamate Intoxication", *New England Journal of Medicine*, 1971, S. 1485-1502.

Altman, E. I., Avery, R. B., Eisenbeis, R. A., Sinkey, J. F., „Application of Classification Techniques in Business, Banking and Finance", Greenwich 1981.

Altman, E. I., „Corporate Financial Distress and Bankruptcy: A Complete Guide to Predicting & Avoiding Distress and Profiting from Bankruptcy", 2. Auflage, New York 1993.

Altman, E. I., „Financial Ratios, Discriminant Analysis and the Prediction of Corporate Bankruptcy", *Journal of Finance*, 1968, S. 589-609.

Altman, E. I., Eisenbeis, R. A., „Financial Applications of Discriminant Analysis: A Clarification", *Journal of Financial and Quantitative Analysis*, 1978, S. 185-195.

Anderson, T. W., „An Introduction to Multivariate Statistical Analysis", New York 1958.

Anderson, T. W., Bahadur, R. R., „Classification into Two Multivariate Normal Distributions with Different Covariance Matrices", *Annals of Mathematical Statistics*, 1962, S. 420-431.

Anderson, T. W., „Classification by Multivariate Analysis", *Psychometrica*, 1951, S. 31-50.

Awh, R. Y., Waters D., „Discriminant Analysis of Economic, Demographic and Attitudinal Characteristics of Bank Charge-Card Holders: A Case Study", *Journal of Finance*, 1974, S. 973-980.

Backhaus, K., Erichson, B., Plinke, W., Weiber, R., „Multivariate Analysemethoden, Eine anwendungsorientierte Einführung", 7. Auflage, Berlin 1994.

Bank-Betrieb, Redaktionsbeitrag, „Interessante Kreditwürdigkeitsprüfung in San Francisco", *Bank- Betrieb*, 1969, S. 327-328.

Bartlett, M. S., „An Inverse Matrix Adjustment Arising in Discriminant Analysis", *Annals of Mathematical Statistics*, 1952, S. 107-111.

Boggess, W. P., „Screen-Test your Credit Risks", *Harvard Business Review*, 1967, S. 113-122.

Box, G. E. P., „A General Distribution Theory for Class of Likelihood Criteria", *Biometrika*, 1949, S. 317-346.

Chang, P. C., Afifi, A. A., „Classification Based on Dichotomous and Continuous Variables", *Journal of the American Statistical Association*, 1974, S. 336-339.

Chatterjee, S., Barcun, S., „A Nonparametric Approach to Credit Screening", *Journal of the American Statistical Association*, 1970, S. 150-154.

Cochran, W. G., „On the Performance of the Linear Discriminant Function", *Technometrics*, 1964, S. 179-190.

Cochran, W. G., „Commentary on „Estimation of Error Rates in Discriminant Analysis", *Technometrics*, 1968, S. 204-205.

Cochran, W. G., Bliss, C. I., „Discriminant Functions with Covariance", *Annals of Mathematical Statistics*, 1948, S. 151-176.

Cooper, P. W., „Statistical Classification with Quadratic Forms", *Biometrika*, 1962, S. 439-448.

Clarke, D. G., McDonald, J. B., „Generalized Bankruptcy Models Applied to Predicting Consumer Credit Behavior“, *Journal of Economics and Business*, 1992, S.47-62.

Deutsche Bundesbank, Monatsbericht Oktober 1997.

Dillon, W. R., Goldstein, M., „On the Performance of Some Multinomiale Classification Rule“, *Journal of the American Statistical Association*, 1978, S. 305-313.

Dince, R. R., Fortson, J. C., „The Use of Discriminant Analysis to Predict the Capital Adequacy of Commercial Banks“, *Journal of Bank Research*, 1972, S. 54-62.

Durand, D., „Risk Elements in Consumer Installment Lending“, Studies in Consumer Installment Financing, No. 8, National Bureau of Economic Research, 1941, Inc., New York, N.Y.

Eisenbeis, R. A., „Pitfalls in the Application of Discriminant Analysis in Business, Finance, and Economics“, *Journal of Finance*, 1977, S. 875-900.

Eisenbeis, R. A., „Problems in Applying Discriminant Analysis in Credit Scoring Models“, *Journal of Banking and Finance*, 1978, S. 205-219.

Eisenbeis, R.A., Avery, R. B., „Discriminant Analysis and Classification Procedures“, Lexington 1972.

Eisenbeis, R. A., Gilbert, G. G., Avery, R. B., „Investigating the Relative Importance of Individual Variables and Variable Subsets in Discriminant Analysis“, *Communications in Statistics*, 1972, S. 205-219.

Fahrmeir, L., Hamerle, A., „Multivariate statistische Verfahren“, Berlin 1984.

Fisher, R. A., „The Use of Multiple Measurement in Taxonomic Problems“, *Annals of Eugenics*, 1936, S. 376-386.

Frank, R. E., Massy, W. F., Morrison, D. G., „Bias in Multiple Analysis“, *Journal of Marketing Research*, 1965, S. 250-258.

Fukunaga, K., Kessel, D., „Estimation of Classification Error“, *IEEE (Institution of Electrical Engineers) Transactions on Computers*, 1971, S. 1521-1527.

Gilbert, E. S., „On Discriminating Using Qualitative Variables“, *Journal of the American Statistical Association*, 1968, S. 1399-1412.

Gilbert, E. S., „The Effect of Unequal Variance-Covariance Matrices on Fisher´s Linear Discriminant Function“, *Biometrics*, 1969, S.505-515.

Goldstein, M., Dillon, W. R., „Discrete Discriminant Analysis“, New York 1978.

Hand, D. J., „Discrimination and Classification“, Chichester 1981.

Häußler, W. M., „Empirische Ergebnisse zu Diskriminationsverfahren bei Kreditscoringsystemen“, *Zeitschrift für Operations Research*, 1979, S. B 191.

Harter, T. R., „Potentials of Credit Scoring: Myth or fact“, *Credit and Financial Mangement*, 1974, S. 27-28.

Harter, T. R., „Measuring Risk on Mortgage Credit“, *Mortgage Banker*, 1973, S. 71-80.

Hausman, J. A., Wise, D. A., „Social Experimentation, Truncated Distributions, and Efficient Estimation“, *Econometrica*, 1977, S. 919-938.

Hettenhouse, G. W., Wentworth, J. R., „Credit Analysis Model - A New Look for Credit Scoring“, *Journal of Commercial Bank Lending*, 1971, S. 26-32.

Hills, M., „Discrimination and Allocation with Discrete Data“, *Applied Statistics*, 1967, S. 1-20.

Holloway, L. N., Dunn, O. J., „The Robustness of Hotelling´s T^2“, *Journal of the American Statistical Association*, 1974, S. 124-136.

Joy, O. M., Toleffson, J. O., „On the Financial Applications of Discriminant Analysis“, *Journal of Financial and Quantitative Analysis*, 1975, S. 723-739.

Kabe, D. G., „Some Results on the Distribution of Two Random Matrices used in Classification Procedures“, *Annals of Mathematical Statistics*, 1963, S. 181-185.

Keysberg, G., „Die Anwendung der Diskriminanzanlyse zur statistischen Kreditwürdigkeitsprüfung im Konsumentenkreditgeschäft“, Köln 1989.

Krzanowski, W. J., „Binary and Continuos Variables“, *Journal of the American Statistical Association*, 1975, S. 782-790.

Krzanowski, W. J., „The Performance of Fisher´s Linear Discriminant Function under Non-Optimal Conditions“, *Technometrics*, 1977, S. 191-200.

Lachenbruch, P. A., „Estimation of Error Rates in Discriminant Analysis“, Ph. D. dissertation, 1965, University of California at Los Angeles.

Lachenbruch, P. A., „ An Almost Unbiased Method of Obtaining Confidence Intervals for the Probability of Misclassification in Discriminant Analysis“, *Biometrics*, 1967, S. 639-645.

Lachenbruch, P. A., „Discriminant Analysis“, New York 1975.

Lachenbruch, P. A., Mickey, M. R., „Estimation of Error Rates in Discriminant Analysis“, *Technometrics*, 1968, S. 1-11.

Lachenbruch, P. A, Sneeringer, C., Revo, L. T., „Robustness of Linear Function to Certain Types of Non-Normality“, *Technometrics*, 1973, S. 39-56.

Lane, S., „Submarginal Credit Risk Classification“, *Journal of Financial and Quantitative Analysis*, 1972, S.1379-1385.

Linhart, H., „Techniques for Discrimination with Discrete Variables“, *Metrika*, 1959, S.138-149.

Long, M. S., „Credit Screening System Selection“, *Journal of Financial and Quantitative Analysis*, 1976, S. 313-328.

Long, M. S., McConnel, J. J., „Credit Scoring System aids Second Mortgage Makers“, *Mortgage Banker*, 1977, S. 29-34.

Lüneborg, K., „Konstruktion und Tests statistischer Verfahren im Rahmen der Kreditwürdigkeitsprüfung anhand der Jahresabschlüsse kleinerer und mittlerer Unternehmen“, Dissertation, Bochum 1981.

Malkovich, J. F., Afifi, A. A., „On Tests for Multivariate Normality“, *Journal of the American Statistical Association*, 1973, S. 176-179.

Mardia, K. V., „ Measures of Multivariate Skewness and Kurtosis with Applications“, *Biometrica*, 1970, S. 519-530.

Marks, S., Dunn, O. J., „Discriminant Functions when Covariance Matrices are Unequal“, *Journal of the American Statistical Association*, 1974, S. 555-559.

McFadden, D., „Quantal Choice Analysis: A Survey“, *Annals of Economic and Social Measurement*, 1976, S. 363-390.

Moore, D. H. „Evaluation of Five Discriminarion Procedures for Binary Variables“, *Journal of the American Statistical Association*, 1973, S. 399-404.

Morrison, D. G., „ On the Interpretation of Discriminant Analysis“, *Journal of Marketing Research*, 1969, S. 156-163.

Mosteller, F., Wallace, D. L., „Inference in an Authorship Problem“, *Journal of the American Statistical Association*, 1963, S. 275-309.

Myers, J. H., Forgy, E. W., „The Development of Numerical Credit Evaluation Systems“, *Journal of the American Statistical Association*, 1963, S. 799-806.

Okamoto, M., „An Asymtotic Expansion for the Distribution of Linear Discriminant Function“, *Annals of Mathematical Statistics*, 1963, S. 1286.

Orgler, Y. E., „A Credit Scoring Model for Commercial Loans“, *Journal of Money, Credit and Banking*, 1970, S. 435-445.

Pinches, G. E., Mingo, K. A., „A Multivariate Analysis of Industrial Bond Ratings“, *Journal of Finance*, 1973, S. 1-18.

Rao, C. R., „Advanced Statistical Methods in Biometric Research“, New York 1952.

Rosenberg, E., Gleit, A., „Quantitative Methods in Credit Management: A Survey“, *Operations Research*, 1994, S. 589-613.

Scott, E., „On the Financial Applications of Discriminant Analysis: Comment“, *Journal of Financial and Quantitative Analysis*, 1978, S. 201-205.

Seber, G. A. F., „Multivariate Observations“, New York 1984.

Sinkey, J. F., Jr., „A Multivariate Statistical Analysis of the Characteristics of Problem Banks“, *Journal of Finance*, 1975, S. 21-36.

Sitegreaves, R., „ On the Distribution of Two Random Matrices used in Classification Procedures“, *Annals of Mathematical Statistics*, 1952, S. 263-270.

Smith, C. A. B., „Some Examples on Discrimination“, *Annals of Eugenics*, 1947, S. 272-283.

Statistisches Bundesamt, Statistisches Jahrbuch 1997 für die Bundesrepublik Deutschland, Stuttgart 1997.

Urbakh, V. Y., „Linear Discriminant Analysis: Loss of Discriminating Power when a Variable is Ommitted“, *Biometrics*, 1971, S. 531-534.

Wald, A. „On a Statistical Problem in the Classification of an Individual into one of two Groups“, *Annals of Mathematical Statistics*, 1944, S. 145-162.

Wahl, P. W., Kronmal, R. A., „Discriminant Functions when Covariances are Unequal and Sample Sizes are Moderate“, *Biometrics*, 1977, S. 479-484.

Wagner, G. M., Reichert, A. K., Cho, C. C., „Conceptual Issues in Credit Scoring Models“, *Credit World*, 1983, S. 22-28.

Wegscheider, K., „Invarianzeigenschaften von Diskriminanzanalyseverfahren“, Studien zur angewandten Wirtschaftsforschung und Statistik, Göttingen1986.

Weibel, P. F., „Die Bonitätsbeurteilung im Kreditgeschäft der Banken“, Bern 1978.

Weiner, J. M., Dunn, O. J., „Elimination of Variates in Linear Discrimination Problems“, *Biometrics*, 1966, S. 268-275.

Stichwortverzeichnis

FSC
www.fsc.org
MIX
Papier | Fördert gute Waldnutzung
FSC® C083411

Kolibri 360 GmbH
Ferdinand-Jühlke-Straße 7
99095 Erfurt, Deutschland
produktsicherheit@kolibri360.de

Druck:
CPI Druckdienstleistungen GmbH
im Auftrag der
Kolibri 360 GmbH
Ferdinand-Jühlke-Str. 7
99095 Erfurt